天津市给水及燃气管道工程预算基价

DBD 29-402-2020

天津市住房和城乡建设委员会
天 津 市 建 筑 市 场 服 务 中 心　主编

中国计划出版社

图书在版编目（CIP）数据

天津市给水及燃气管道工程预算基价 / 天津市建筑市场服务中心主编. -- 北京 : 中国计划出版社, 2020.11
ISBN 978-7-5182-1120-3

Ⅰ. ①天… Ⅱ. ①天… Ⅲ. ①给水管道－管道工程－建筑预算定额－天津②天然气管道－管道工程－建筑预算定额－天津 Ⅳ. ①TU991.36②TE973

中国版本图书馆CIP数据核字(2020)第005152号

天津市给水及燃气管道工程预算基价

DBD 29-402-2020

天津市住房和城乡建设委员会
天津市建筑市场服务中心　主编

中国计划出版社出版发行
网址：www.jhpress.com
地址：北京市西城区木樨地北里甲 11 号国宏大厦 C 座 3 层
邮政编码：100038　电话：(010)63906433(发行部)
三河富华印刷包装有限公司印刷

850mm×1168mm　横 1/16　22.25 印张　644 千字
2020 年 11 月第 1 版　2020 年 11 月第 1 次印刷
印数 1—1000 册

ISBN 978-7-5182-1120-3
定价：180.00 元

天津市住房和城乡建设委员会

津住建建市函〔2020〕30号

市住房城乡建设委关于发布2020《天津市建设工程计价办法》和天津市各专业工程预算基价的通知

各区住建委，各有关单位：

根据《天津市建筑市场管理条例》和《建设工程工程量清单计价规范》，在有关部门的配合和支持下，我委组织编制了2020《天津市建设工程计价办法》和《天津市建筑工程预算基价》、《天津市装饰装修工程预算基价》、《天津市安装工程预算基价》、《天津市市政工程预算基价》、《天津市仿古建筑及园林工程预算基价》、《天津市房屋修缮工程预算基价》、《天津市人防工程预算基价》、《天津市给水及燃气管道工程预算基价》、《天津市地铁及隧道工程预算基价》以及与其配套的各专业工程量清单计价指引和计价软件，现予以发布，自2020年4月1日起施行。2016《天津市建设工程计价办法》和天津市各专业工程预算基价同时废止。

特此通知。

2020年3月10日

主编部门：天津市建筑市场服务中心
批准部门：天津市住房和城乡建设委员会

专 家 组：杨树海　宁培雄　兰明秀　李庆河　陈友林　袁守恒　马培祥　沈　萍　王海娜　潘　昕　程春爱　焦　进
杨连仓　周志良　张宇明　施水明　李春林　邵玉霞　柳向辉　张小红　聂　帆　徐　敏　李文同

综 合 组：高　迎　赵　斌　袁永生　姜学立　顾雪峰　陈召忠　沙佩泉　张绪明　杨　军　邢玉军　戴全才

编制人员：杨　军　范　姝　崔文琴　赵　博　张　翼　邢雯雯

费 用 组：邢玉军　张绪明　关　彬　于会逢　崔文琴　张依琛　许宝林　苗　旺

电 算 组：张绪明　于　堃　张　桐　苗　旺

审　　定：杨瑞凡　华晓蕾　翟国利　黄　斌

发　　行：倪效聃　贾　羽

目　　录

第一册　给水管道工程

第四章　管道除锈、防腐和防护

第五章　砌井和管件加固

第二册　燃气管道工程

第一章　管 道 铺 设

第二章　附 件 安 装

第三章 砌 井

第三册 通用工程及施工措施项目

第一章 拆除工程

第二章 施工排水、降水工程

第三章 临时工程

第四章 其他工程

第五章　施工措施项目

附　　录

总 说 明

一、天津市给水及燃气管道工程预算基价(以下简称“本基价”)是根据国家和本市有关法规、标准、规范等相关依据,按正常的施工工期和生产条件,考虑常规的施工工艺、合理的施工组织设计,结合本市实际编制的。本基价是完成单位合格产品所需人工、材料、机械台班和其相应费用的基本标准,反映了社会平均水平。

二、本基价的适用范围:

1.天津市行政区域内新建、改建和扩建的给水和燃气管道工程。

2.随同建设工程设计,竣工后需移交或委托相关管理部门维修管理的给水和燃气管道工程。

3.给水管道为自来水厂出厂阀门至用户院外水表井的给水管道。

4.燃气管道为正式命名街道的输气管道。

三、本基价是编制估算指标、概算定额和初步设计概算、施工图预算、竣工结算、招标控制价的基础,是建设项目投标报价的参考。

四、本基价各子目中的预算基价由人工费、材料费和机械费组成。基价中的工作内容为主要施工工序,次要施工工序虽未做说明,但基价中已考虑。

五、本基价适用于采用一般计税方法计取增值税的给水和燃气管道工程,各子目中材料和机械台班的单价为不含税的基期价格。

六、本基价人工费的规定和说明:

1.人工消耗量以现行《市政工程劳动定额》、《市政工程消耗量定额》为基础,结合本市实际确定,包括施工操作的基本用工、辅助用工、材料在施工现场超运距用工及人工幅度差。人工效率按八小时工作制考虑。

2.人工单价根据《中华人民共和国劳动法》的有关规定,参照编制期天津市建筑市场劳动力价格水平综合测算的,按技术含量分为三类:一类工每工日153元;二类工每工日135元;三类工每工日113元。

3.人工费是支付给从事给水和燃气管道工程施工的生产工人和附属生产单位工人的各项费用以及生产工具用具使用费。其中包括按照国家和本市有关规定,职工个人缴纳的养老保险、失业保险、医疗保险及住房公积金。

七、本基价材料费的规定和说明:

1.材料包括主要材料、次要材料和零星材料,主要材料和次要材料为构成工程实体且能够计量的材料、成品、半成品,按品种、规格列出消耗量;零星材料为不构成工程实体且用量较小的材料,以“元”为单位列出。

2.材料费包括主要材料费、次要材料费和零星材料费。

3.材料消耗量均按合格的标准规格产品编制,包括正常施工消耗和材料从工地仓库、现场集中堆放或加工地点运至施工操作、安装地点的堆放和运输损耗及不可避免的施工操作损耗。

4.当设计要求采用的材料、成品或半成品的品种、规格型号与基价中不同时,可按各章规定调整。

5.材料价格按本基价编制期建筑市场材料价格综合取定,包括由材料供应地点运至工地仓库或施工现场堆放地点的费用和材料的采购及保管费。材料采购及保管费包括施工单位在组织采购、供应和保管材料过程中所需各项费用和工地仓库的储存损耗。

6.工程建设中部分材料由建设单位供料，结算时退还建设单位所购材料的材料款（包括材料采购及保管费），材料单价以施工合同中约定的材料价格为准，材料数量按实际领用量确定。

7.周转材料费中的周转材料按摊销量编制，且已包括回库维修等相关费用。

8.本基价部分材料或成品、半成品的消耗量带有括号，并列于无括号材料消耗量之前，表示该材料未计价，基价总价未包括其价值，计价时应以括号中的消耗量乘以其价格，计入本基价的材料费和总价中；列于无括号材料消耗量之后，表示基价总价和材料费中已经包括了该材料的价值，括号内的材料不再计价。

9.材料消耗量带有“×”号的，“×”号前为材料消耗量，“×”号后为该材料的单价。数字后带有“()”号的，“()”号内为规格型号。

八、本基价机械费的规定和说明：

1.机械台班消耗量是按照正常的施工程序、合理的机械配置确定的。

2.机械台班单价按照《建设工程施工机械台班费用编制规则》及《天津市施工机械台班参考基价》确定。

3.凡单位价值2000元以内，使用年限在一年以内不构成固定资产的施工机械，不列入机械台班消耗量，作为工具用具在企业管理费中考虑，其消耗的燃料动力等已列入材料内。

九、施工用水、电已包括在本基价材料费和机械费中，不另计算。施工现场应由建设单位安装水、电表，交施工单位保管和使用，施工单位按表计量，按相应单价计算后退还建设单位。

十、本基价凡注明“××以内”或“××以下”者，均包括××本身，注明“××以外”或“××以上”者，均不包括××本身。

十一、本基价材料、机械和构件的规格，用数值表示而未说明单位的，其计量单位为“mm”；工程量计算规则中，凡未说明计量单位的，按长度计算的以“m”为计量单位，按面积计算的以“m^2”为计量单位，按体积计算的以“m^3”为计量单位，按质量计算的以“t”为计量单位。

第一册　给水管道工程

册　说　明

一、本册基价是在正常施工条件下，按照合理的施工工期，考虑不同的管材、管径、深度、施工方法综合取定的。

二、本册基价适用于天津地区城市管网自来水输水管道的新建、改建和扩建工程。不适用于厂区内（院内）和室内的给水管道工程，也不适用于修缮、养护工程。

三、本册基价包括管道铺设，附件安装，顶管，管道除锈、防腐和防护，砌井和管件加固共5章66节693个子目。

四、由自来水厂出厂阀门至用户院外水表井为给水管道公用管线。

五、本册基价中沟槽土方按下列规定计算：

1.沟槽挖土按一、二类土综合考虑计算，出土按双侧出土考虑，如单侧出土时，其挖土和回填项目的人工和机械按下表系数调整。

调整系数表

槽　　深	人　工　部　分	机　械　部　分
2.5m以内	1.112	1.112
5.5m以内	1.117	1.112
9.5m以内	1.250	1.112

2.沟槽土方不包括稀泥、河淤和粉质黏土，如发生时，其挖土项目人工和机械按下表系数调整。

调整系数表

项　　目	人　工　部　分	机　械　部　分
稀泥、河淤	2.000	1.330
粉质黏土	1.430	1.180

3.人工、人机明开槽、支撑槽、钢桩槽及钢桩卡板槽开挖土方、回填土方适用于双排管道及多排管道的合槽土方施工。

4.半明开槽施工时，明开部分和支撑部分应分别套用明开槽和支撑槽相应项目；明开槽的槽深按原地面至工作平台计算，支撑槽槽深按原地面至槽底计算。

5.合槽施工沟槽深度以原地面高程至槽底最低高程计算，套用相应的项目。

6.排水沟土方及支护与沟槽土方及支护合并计算，不单独列项。

7.钢桩槽及钢桩卡板槽不包括打钢桩，打钢桩项目另套相应项目。

8.人机回填土按人机配合回填、分层夯实。回填如需改换土壤,应在挖方剩余量内调剂。余量不足需外购时另行计算。槽基如需要加固可套用相应项目。

9.沟槽回填土密实度,自管顶上平40cm为基准,以下为90%,以上部分为95%;设计密实度要求高于此标准时,增加的人工及拌和材料与设备可调整。

10.支撑槽按1∶0.05放坡,明开槽根据工程实际按操作规程或施工方案确定放坡系数。管道沟槽排水子目是按支撑槽考虑的,如按明开槽施工,排水费按支撑槽相应管材材质、管径及埋深子目乘以系数0.6计算。

六、管道槽挖土方总量,按下列规定计算:

1.管道槽挖土深度按施工图计算,放坡按下表计算。实际放坡与下表不符时,不做调整。

管道槽放坡系数表

管道槽深度（m以内）			1.2	1.5	2.5	4.5
明开挖槽	人工挖土	沟边堆土	1∶0	1∶0.33	1∶0.50	1∶0.67
		随挖随运	1∶0	1∶0.25	1∶0.33	1∶0.50
	人机挖土	机械在沟底挖土	1∶0	1∶0.25	1∶0.33	1∶0.50
		机械在沟边挖土	1∶0	1∶0.67	1∶0.75	1∶0.75
支撑挖槽			1∶0.05			

2.管道槽的长度按管道中心线的水平投影长度计算,不扣除各种井所占的长度。支管自主管中心线开始计算长度,不扣除和主管重复计算的体积。管道槽内的排水沟以及砌井、管件加固、管道端点等引起多挖的体积不增加。

七、管道槽底宽按下表计算。支撑槽深度在1.5m以外、2m以内的,底宽按下表数值增加0.1m,3m以内的增加0.2m,4m以内的增加0.4m,4.5m以内的增加0.6m。明开槽底宽不增加。

管道槽底宽表

单位:m

管道公称直径（mm以内）	*DN*75	*DN*200	*DN*350	*DN*450	*DN*600	*DN*800	*DN*1000	*DN*1200	*DN*1400	*DN*1600	*DN*1800	*DN*2000	*DN*2200
钢管、铸铁管	0.6	0.7	0.8	1.0	1.3	1.6	1.8	2.0	2.2	2.4	2.6	2.8	3.0
混凝土管	0.8	0.9	1.0	1.3	1.5	1.8	2.0	2.3	2.6				

八、打桩窝子和井点沟开挖的长度,按实际长度计算,井点间距按1m计算。

九、挖土工程量按挖土方总量扣除挖路面、路胎和挖淤亚黏土、河淤、稀泥等的体积计算。挖淤亚黏土、河淤和稀泥的工程量按实际体积计算。

十、管道槽还土的工程量按挖土方总量减去下表数量计算。

给水管道槽还土时每米管道槽应减工程量表

单位：m^3

管道公称直径（mm以内）	DN400	DN500	DN800	DN1000	DN1200	DN1400	DN1600	DN1800	DN2000	DN2200
钢管	0	0.24	0.44	0.71	0.94	1.12	1.30	1.50	1.70	1.90
铸铁管	0	0.27	0.49	0.77	1.00					
混凝土管	0	0.33	0.60	0.92	1.15	1.35				

十一、管道槽排水窝子的工程量，按管道槽长度每50m计算一座，不足50m、超过25m的按一座计算，25m以内不计。深度按管道槽深度。

十二、管道槽水窝子排水，以管道槽的长度按下表计算排水台班数量。通过水域的排水费用另行计算时，应扣除该段管道长度。下表台班用量包括砌各种井的排水台班用量。

每米管道的排水台班用量表

单位：台班

管道公称直径（mm以内）	DN200	DN350	DN500	DN800	DN1000	DN1600	DN2200
电动单级清水泵100mm	0.03	0.24	0.36	0.72	1.08	1.32	1.56

十三、井点排水以35根井管为一组，20根以上、不足35根时按一组考虑。井点排水台班数量按施工组织设计确定的排水期计算。

十四、钢管或钢制管件不在施工现场进行防腐处理，应计算自防腐地点至施工现场的场外运费。型钢桩的桩长和用量按施工组织设计确定。

第一章　管道铺设

说　　明

一、铸铁管安装和预应力钢筋混凝土管安装按其公称直径套用相应子目。钢管安装按下表规定将外径换算为公称直径套用子目。

钢管外径与公称直径对照表

管外径（mm以内）	D25	D32	D38	D45	D57	D76	D93	D118	D143	D169
公称直径（mm）	DN20	DN25	DN32	DN40	DN50	DN65	DN75	DN100	DN125	DN150
管外径（mm以内）	D220	D273	D325	D377	D426	D478	D529	D631	D733	D836
公称直径（mm）	DN200	DN250	DN300	DN350	DN400	DN450	DN500	DN600	DN700	DN800
管外径（mm以内）	D939	D1041	D1246	D1400	D1554	D1650	D1850	D2050	D2250	
公称直径（mm）	DN900	DN1000	DN1200	DN1350	DN1500	DN1600	DN1800	DN000	DN2200	

注：以外径为规格的钢管，套用管件附件安装、各种试验和冲洗消毒、防腐、排水台班等均以本表规定的公称直径为准。

二、电焊连接的钢管直管和钢制管件安装子目的管壁厚度，按下表常用规格考虑。

钢管直管和钢制管件管壁厚度表

公称直径（mm）	DN32	DN50	DN125	DN200	DN300	DN400	DN500	DN900	DN1200	DN1350	DN1600	DN2000	DN2200
管壁厚度（mm）	3	4	5	6	7	8	9	10	12	14	16	18	20

三、管节的长度为综合取定，见下表。

管节长度取定表

管材	钢管		承插铸铁管				承插预应力钢筋混凝土管
公称直径（mm以内）	*DN*900	*DN*2200	*DN*100	*DN*300	*DN*900	*DN*1200	*DN*1400
管节长度（m）	6.4	4.8	3.5	5.0	6.0	4.0	5.0

四、螺纹连接的钢管安装子目，除镀锌外接头用量已计入子目不做调整外，其他管件应另计其价值。安装用工已综合计入钢管安装基价内，不再套用管件安装基价，钢管安装基价的人工量不做调整。

五、铸铁管安装如遇缓弯线段（只用直管不用弯管的曲线段），套用直管安装子目。

六、安装铸铁管的接口材料，如用橡胶棒，用量应按下表计算。基价中的胶圈不再计算。

接口材料用量调整表

铸铁管公称直径（mm）	*DN*600	*DN*700	*DN*800	*DN*900	*DN*1000	*DN*1200
每米管道橡胶棒用量（kg）	0.343	0.397	0.436	0.489	0.932	1.113

七、管件安装子目，均按两个接口考虑。铸铁管管件安装的接口材料：公称直径在450mm以内的，按油麻石棉水泥接口考虑；450mm以外的，按胶棒石棉水泥接口考虑。异径丁字管、异径十字管和渐缩管按较大直径套用子目。

八、铸铁管或混凝土管安装的成品钢管件如打口连接，套用同直径的铸铁管件安装子目。

九、在套管内安装管道，指在已有的套管内安装管道，子目的人工工日和机械台班用量均乘以系数1.20，材料量不变。

十、管道水压试验子目为一次试验的费用。

十一、施工时耳子如需排水，按下表规定计算排水费包干使用，不做调整。不挖耳子或耳子不需排水，丝扣连接的钢管安装不计算此项费用。

排水费计算表

管道公称直径（mm以内）	*DN*50	*DN*75	*DN*100	*DN*125	*DN*150	*DN*200	*DN*300	*DN*400	*DN*500	*DN*600
电动单级清水泵100mm（台班/每米管道）	0.045	0.050	0.055	0.060	0.065	0.070	0.108	0.135	0.204	0.245

续表

管道公称直径（mm以内）	DN700	DN800	DN900	DN1000	DN1200	DN1500	DN1800	DN2000	DN2200
电动单级清水泵 100mm（台班/每米管道）	0.255	0.265	0.270	0.275	0.280	0.285	0.290	0.295	0.300

注：耳子即打口或焊口所挖的工作坑。本表包括阀门和附件安装的耳子排水费用。凡按本表计算排水费用的，阀门和附件安装的耳子排水费用不再另计。

工程量计算规则

一、管道长度按中心线的长度计算。弯曲线段按过折点的直线计算长度。支管从主管中心线开始计算长度。开口附件作为支管，计算管道长度到附件的端点。当坡度小于5%时，按水平投影计算长度。

二、螺纹连接的钢管安装工程量按管道长度计算。不扣除管件、阀门和附件所占的长度。

三、电焊连接的钢管直管安装，工程量按管道长度扣除成品管件和开口附件所占的长度计算。不扣除阀门、不开口的附件和现场制作的管件所占的长度。

四、铸铁管和预应力钢筋混凝土管直管安装，工程量按管道长度扣除管件和开口附件所占的长度计算。不扣除阀门和不开口的附件所占的长度。

五、管件安装按设计图示数量计算。

六、承插铸铁管直管安装，工程量不扣除青铅接口的管段的长度。另列项目计算青铅接口高于其他接口的差价，以青铅接口的个数(包括管件接口的个数)为工程量。

七、管道水压试验、管道冲洗消毒的工程量按管道长度计算。

八、砂垫层的工程量按砂垫层实铺体积计算。

九、塑料管安装的工程量按管道长度计算。不扣除管件、阀门和附件所占的长度。

1.钢管螺纹连接

工作内容：切管、套丝、调直、下管、安装管件。

单位：10m

编号				1-1	1-2	1-3	1-4	1-5
项目				给水镀锌钢管铺设				
				螺纹连接				
				*DN*20	*DN*25	*DN*32	*DN*40	*DN*50
预算基价	总价(元)			**79.17**	**87.68**	**95.88**	**111.80**	**122.09**
	人工费(元)			74.25	81.00	87.75	101.25	109.35
	材料费(元)			4.92	6.68	8.13	10.55	12.74
组成内容		**单位**	**单价**	**数量**				
人工	综合工	工日	135.00	0.55	0.60	0.65	0.75	0.81
材料	镀锌钢管	m		(10.15)	(10.15)	(10.15)	(10.15)	(10.15)
	镀锌外接头	个		1.15×3.13	1.15×4.48	1.15×5.55	0.90×8.95	0.90×10.74
	零星材料费	元		1.32	1.53	1.75	2.49	3.07

2.钢管直管焊接

工作内容：调运、切管、下管、坡口、对口、焊接、挖还耳子。

单位：10m

编号				1-6	1-7	1-8	1-9	1-10	1-11	1-12
项目				给水焊接钢管铺设						
				电焊连接						
				*DN*20	*DN*25	*DN*32	*DN*40	*DN*50	*DN*65	*DN*75
预算基价	总价(元)			**110.20**	**112.97**	**117.60**	**143.95**	**150.90**	**182.96**	**191.03**
	人工费(元)			98.55	98.55	101.25	120.15	121.50	152.55	156.60
	材料费(元)			0.68	0.81	0.98	1.39	1.71	2.72	3.23
	机械费(元)			10.97	13.61	15.37	22.41	27.69	27.69	31.20
组成内容		**单位**	**单价**	**数量**						
人工	综合工	工日	135.00	0.73	0.73	0.75	0.89	0.90	1.13	1.16
材料	焊接钢管	m		(10.2)	(10.2)	(10.2)	(10.2)	(10.2)	(10.2)	(10.2)
	电焊条	kg	7.59	0.035	0.045	0.053	0.080	0.101	0.187	0.219
	氧气 6m^3	m^3	2.88	0.015	0.020	0.023	0.031	0.039	0.059	0.069
	乙炔气 5.5~6.5kg	m^3	16.13	0.01	0.01	0.01	0.02	0.02	0.03	0.04
	零星材料费	元		0.21	0.25	0.35	0.37	0.51	0.65	0.72
机械	电焊机 30kV·A	台班	87.97	0.10	0.13	0.15	0.23	0.29	0.29	0.33
	电动空气压缩机 6m^3/min	台班	217.48	0.01	0.01	0.01	0.01	0.01	0.01	0.01

工作内容：调运、切管、下管、坡口、对口、焊接、挖还耳子。

单位：10m

编号				1-13	1-14	1-15	1-16	1-17	1-18	1-19	1-20
项目				给水钢管铺设							
				电焊连接							
				*DN*100	*DN*125	*DN*150	*DN*200	*DN*250	*DN*300	*DN*350	*DN*400
预算基价	总价(元)			**198.23**	**239.51**	**248.00**	**440.44**	**536.59**	**637.40**	**685.23**	**835.59**
	人工费(元)			160.65	190.35	194.40	229.50	237.60	302.40	302.40	402.30
	材料费(元)			4.20	5.16	6.91	8.85	12.97	15.78	21.19	24.31
	机械费(元)			33.38	44.00	46.69	202.09	286.02	319.22	361.64	408.98
组成内容		**单位**	**单价**	**数量**							
人工	综合工	工日	135.00	1.19	1.41	1.44	1.70	1.76	2.24	2.24	2.98
材料	钢管	m		(10.2)	(10.2)	(10.2)	(10.2)	(10.2)	(10.2)	(10.2)	(10.2)
	电焊条	kg	7.59	0.290	0.352	0.515	0.670	1.095	1.300	1.869	2.128
	氧气 $6m^3$	m^3	2.88	0.091	0.110	0.148	0.192	0.262	0.311	0.397	0.452
	乙炔气 5.5～6.5kg	m^3	16.13	0.05	0.06	0.08	0.10	0.13	0.16	0.20	0.23
	零星材料费	元		0.93	1.20	1.28	1.60	1.81	2.44	2.63	3.15
机械	电焊机 30kV•A	台班	87.97	0.33	0.45	0.48	1.14	1.58	1.71	2.02	2.31
	电动空气压缩机 $6m^3/min$	台班	217.48	0.02	0.02	0.02	0.02	0.02	0.02	0.02	0.02
	汽车式起重机 10t	台班	838.68				0.116	0.154	0.172	0.190	0.208
	长材运输车 8t	台班	667.41					0.02	0.03	0.03	0.04
	小型机具	元			0.06	0.11	0.17	0.17	0.17	0.22	0.28

工作内容：调运、切管、下管、坡口、对口、焊接、挖还耳子。 **单位：**10m

编号				1-21	1-22	1-23	1-24	1-25	1-26	1-27
项目				给水钢管铺设						
				电焊连接						
				*DN*450	*DN*500	*DN*600	*DN*700	*DN*800	*DN*900	*DN*1000
预算基价	总价(元)			**882.03**	**989.30**	**1242.03**	**1462.86**	**1730.46**	**2016.62**	**2991.01**
	人工费(元)			406.35	476.55	665.55	835.65	1017.90	1212.30	2045.25
	材料费(元)			29.51	32.71	45.27	52.76	60.32	68.11	88.71
	机械费(元)			446.17	480.04	531.21	574.45	652.24	736.21	857.05
组成内容		**单位**	**单价**	**数量**						
人工	综合工	工日	135.00	3.01	3.53	4.93	6.19	7.54	8.98	15.15
材料	钢管	m		(10.2)	(10.2)	(10.1)	(10.1)	(10.1)	(10.1)	(10.1)
	电焊条	kg	7.59	2.614	2.893	4.131	4.798	5.473	6.147	7.438
	氧气 $6m^3$	m^3	2.88	0.555	0.614	0.802	0.932	1.063	1.194	2.037
	乙炔气 5.5~6.5kg	m^3	16.13	0.28	0.31	0.41	0.48	0.54	0.61	1.04
	零星材料费	元		3.55	3.98	4.99	5.92	7.01	8.18	9.61
机械	汽车式起重机 10t	台班	838.68	0.216	0.228					
	汽车式起重机 20t	台班	1043.80			0.228	0.237	0.268	0.313	0.337
	电焊机 30kV·A	台班	87.97	2.58	2.85	2.90	3.26	3.70	4.12	4.98
	电动空气压缩机 $6m^3/min$	台班	217.48	0.02	0.02	0.02	0.03	0.03	0.03	0.03
	长材运输车 8t	台班	667.41	0.05	0.05	0.05	0.05	0.06	0.06	0.09
	小型机具	元		0.33	0.39	0.39	0.39	0.44	0.50	0.61

工作内容：调运、切管、下管、坡口、对口、焊接、挖还耳子。

单位：10m

编号				1-28	1-29	1-30	1-31	1-32	1-33	1-34
项目				给水钢管铺设						
				电焊连接						
				*DN*1200	*DN*1350	*DN*1500	*DN*1600	*DN*1800	*DN*2000	*DN*2200
预算基价	总价(元)			**3377.03**	**4319.46**	**5121.75**	**6028.12**	**6886.08**	**8772.98**	**10798.33**
	人工费(元)			2272.05	2949.75	3543.75	4392.90	4976.10	6681.15	8353.80
	材料费(元)			149.04	209.25	293.73	308.95	423.04	471.45	613.46
	机械费(元)			955.94	1160.46	1284.27	1326.27	1486.94	1620.38	1831.07
组成内容		**单位**	**单价**	**数量**						
人工	综合工	工日	135.00	16.83	21.85	26.25	32.54	36.86	49.49	61.88
材料	钢管	m		(10.1)	(10.1)	(10.1)	(10.1)	(10.1)	(10.1)	(10.1)
	电焊条	kg	7.59	14.434	20.881	30.283	31.803	44.493	49.339	65.082
	氧气 6m³	m³	2.88	2.438	3.161	3.997	4.198	5.383	5.970	7.477
	乙炔气 5.5～6.5kg	m³	16.13	1.24	1.61	2.04	2.14	2.75	3.04	3.81
	零星材料费	元		12.46	15.69	19.47	20.96	25.48	30.74	36.50
机械	汽车式起重机 20t	台班	1043.80	0.425	0.520	0.588	0.597	0.678	0.740	0.819
	电焊机 30kV·A	台班	87.97	5.06	5.65	6.25	6.62	7.46	8.24	9.09
	电动空气压缩机 6m³/min	台班	217.48	0.03	0.03	0.03	0.03	0.04	0.04	0.04
	长材运输车 8t	台班	667.41	0.09	0.17	0.17	0.17	0.17	0.17	0.25
	小型机具	元		0.61	0.67	0.72	0.78	0.83	0.94	1.00

3.承插铸铁管直管铺设

工作内容： 调运、切管、清除管口沥青、下管、打口、养护、挖还耳子。 **单位：** 10m

编号				1-35	1-36	1-37	1-38	1-39	1-40	1-41
项目				给水承插铸铁管铺设						
				油麻石棉水泥接口						
				*DN*75	*DN*100	*DN*150	*DN*200	*DN*250	*DN*300	*DN*400
预算基价	总价(元)			**337.38**	**354.75**	**355.18**	**406.81**	**572.77**	**635.45**	**718.51**
	人工费(元)			321.30	334.80	334.80	325.35	446.85	496.80	544.05
	材料费(元)			16.08	19.95	20.38	26.95	37.09	43.15	50.48
	机械费(元)						54.51	88.83	95.50	123.98
组成内容		单位	单价	数量						
人工	综合工	工日	135.00	2.38	2.48	2.48	2.41	3.31	3.68	4.03
材料	铸铁管	m		(10.3)	(10.3)	(10.3)	(10.3)	(10.3)	(10.3)	(10.3)
	油麻	kg	16.48	0.27	0.33	0.32	0.41	0.57	0.67	0.70
	水泥 32.5级	kg	0.36	1.13	1.55	1.65	2.06	2.88	3.40	3.81
	石棉绒	kg	12.32	0.50	0.66	0.69	0.89	1.23	1.45	1.62
	氧气 6m^3	m^3	2.88	0.11	0.15	0.16	0.29	0.41	0.49	0.74
	乙炔气 5.5～6.5kg	m^3	16.13	0.11	0.15	0.16	0.29	0.41	0.49	0.73
	零星材料费	元		2.97	2.97	2.97	2.97	3.71	3.71	3.71
机械	汽车式起重机 10t	台班	838.68				0.065	0.090	0.090	0.116
	长材运输车 8t	台班	667.41					0.02	0.03	0.04

工作内容：调运、切管、清除管口沥青、下管、打口、养护、挖还耳子。 **单位：**10m

编号				1-42	1-43	1-44	1-45	1-46	1-47	1-48
项目				给水承插铸铁管铺设						
				油麻石棉水泥接口						
				*DN*500	*DN*600	*DN*700	*DN*800	*DN*900	*DN*1000	*DN*1200
预算基价	总价(元)			**1060.78**	**1247.45**	**1510.85**	**1843.68**	**1995.85**	**3164.99**	**3644.69**
	人工费(元)			834.30	977.40	1225.80	1499.85	1625.40	2589.30	3015.90
	材料费(元)			69.82	83.24	98.24	112.77	139.39	228.58	281.68
	机械费(元)			156.66	186.81	186.81	231.06	231.06	347.11	347.11
组成内容		**单位**	**单价**	**数量**						
人工	综合工	工日	135.00	6.18	7.24	9.08	11.11	12.04	19.18	22.34
材料	铸铁管	m		(10.3)	(10.2)	(10.2)	(10.2)	(10.2)	(10.2)	(10.2)
	油麻	kg	16.48	1.11	1.32	1.52	1.73	2.12	3.70	4.43
	水泥 32.5级	kg	0.36	5.36	6.73	8.16	9.79	11.22	21.73	28.36
	石棉绒	kg	12.32	2.29	2.86	3.49	4.18	4.78	9.27	12.09
	氧气 6m^3	m^3	2.88	0.93	1.02	1.20	1.33	1.90	2.13	2.32
	乙炔气 5.5～6.5kg	m^3	16.13	0.93	1.02	1.20	1.30	1.89	2.10	2.31
	零星材料费	元		3.71	4.44	4.44	4.44	5.57	5.57	5.57
机械	汽车式起重机 10t	台班	838.68	0.147						
	汽车式起重机 20t	台班	1043.80		0.147	0.147	0.183	0.183	0.275	0.275
	长材运输车 8t	台班	667.41	0.05	0.05	0.05	0.06	0.06	0.09	0.09

工作内容：调运、切管、清除管口沥青、下管、打口、养护、挖还耳子。 **单位：**10m

编号				1-49	1-50	1-51	1-52	1-53	1-54	1-55
项目				给水承插铸铁管铺设						
				胶圈石棉水泥接口						
				*DN*75	*DN*100	*DN*150	*DN*200	*DN*250	*DN*300	*DN*400
预算基价	总价(元)			**333.87**	**350.49**	**351.09**	**401.52**	**565.21**	**626.65**	**709.09**
	人工费(元)			321.30	334.80	334.80	325.35	446.85	496.80	544.05
	材料费(元)			12.57	15.69	16.29	21.66	29.53	34.35	41.06
	机械费(元)						54.51	88.83	95.50	123.98
组成内容		**单位**	**单价**	**数量**						
人工	综合工	工日	135.00	2.38	2.48	2.48	2.41	3.31	3.68	4.03
材料	铸铁管	m		(10.3)	(10.3)	(10.3)	(10.3)	(10.3)	(10.3)	(10.3)
	橡胶圈	个		(2.98)	(2.98)	(2.08)	(2.08)	(2.08)	(2.08)	(1.73)
	水泥 32.5级	kg	0.36	1.34	1.75	1.85	2.37	3.19	3.81	4.22
	石棉绒	kg	12.32	0.57	0.75	0.78	1.00	1.37	1.62	1.78
	氧气 6m³	m³	2.88	0.11	0.15	0.16	0.29	0.41	0.49	0.74
	乙炔气 5.5～6.5kg	m³	16.13	0.11	0.15	0.16	0.29	0.41	0.49	0.73
	零星材料费	元		2.97	2.97	2.97	2.97	3.71	3.71	3.71
机械	汽车式起重机 10t	台班	838.68				0.065	0.090	0.090	0.116
	长材运输车 8t	台班	667.41					0.02	0.03	0.04

工作内容：调运、切管、清除管口沥青、下管、打口、养护、挖还耳子。

单位：10m

编号				1-56	1-57	1-58	1-59	1-60	1-61	1-62
项目				给水承插铸铁管铺设						
				胶圈石棉水泥接口						
				*DN*500	*DN*600	*DN*700	*DN*800	*DN*900	*DN*1000	*DN*1200
预算基价	总价(元)			**1046.45**	**1230.18**	**1491.21**	**1821.37**	**1969.72**	**3116.77**	**3586.96**
	人工费(元)			834.30	977.40	1225.80	1499.85	1625.40	2589.30	3015.90
	材料费(元)			55.49	65.97	78.60	90.46	113.26	180.36	223.95
	机械费(元)			156.66	186.81	186.81	231.06	231.06	347.11	347.11
组成内容		**单位**	**单价**	**数量**						
人工	综合工	工日	135.00	6.18	7.24	9.08	11.11	12.04	19.18	22.34
材料	铸铁管	m		(10.3)	(10.2)	(10.2)	(10.2)	(10.2)	(10.2)	(10.2)
	橡胶圈	个		(1.73)	(1.71)	(1.71)	(1.71)	(1.71)	(2.57)	(2.57)
	水泥 32.5级	kg	0.36	6.08	7.55	9.18	10.91	12.75	23.97	31.11
	石棉绒	kg	12.32	2.59	3.20	3.90	4.65	5.45	10.24	13.25
	氧气 6m³	m³	2.88	0.93	1.02	1.20	1.33	1.90	2.13	2.32
	乙炔气 5.5～6.5kg	m³	16.13	0.93	1.02	1.20	1.30	1.89	2.10	2.31
	零星材料费	元		3.71	4.44	4.44	4.44	5.57	5.57	5.57
机械	汽车式起重机 10t	台班	838.68	0.147						
	汽车式起重机 20t	台班	1043.80		0.147	0.147	0.183	0.183	0.275	0.275
	长材运输车 8t	台班	667.41	0.05	0.05	0.05	0.06	0.06	0.09	0.09

工作内容： 调运、切管、清除管口沥青、下管、打口、养护、挖还耳子。 **单位：** 10m

编号				1-63	1-64	1-65	1-66	1-67	1-68	1-69
项目				给水承插铸铁管铺设						
				油麻膨胀水泥接口						
				*DN*75	*DN*100	*DN*150	*DN*200	*DN*250	*DN*300	*DN*400
预算基价	总价(元)			**301.73**	**317.30**	**317.43**	**373.40**	**523.35**	**580.64**	**663.12**
	人工费(元)			291.60	305.10	305.10	302.40	411.75	459.00	507.60
	材料费(元)			10.13	12.20	12.33	16.49	22.77	26.14	31.54
	机械费(元)						54.51	88.83	95.50	123.98
组成内容		**单位**	**单价**	**数量**						
人工	综合工	工日	135.00	2.16	2.26	2.26	2.24	3.05	3.40	3.76
材料	铸铁管	m		(10.3)	(10.3)	(10.3)	(10.3)	(10.3)	(10.3)	(10.3)
	油麻	kg	16.48	0.27	0.33	0.32	0.41	0.57	0.67	0.70
	膨胀水泥	kg	1.00	0.58	0.87	0.97	1.16	1.74	1.93	2.22
	龙口打井砂	t	70.40	0.00062	0.00093	0.00103	0.00124	0.00185	0.00206	0.00237
	氧气 6m^3	m^3	2.88	0.11	0.15	0.16	0.29	0.41	0.49	0.74
	乙炔气 5.5～6.5kg	m^3	16.13	0.11	0.15	0.16	0.29	0.41	0.49	0.73
	零星材料费	元		2.97	2.97	2.97	2.97	3.71	3.71	3.71
机械	汽车式起重机 10t	台班	838.68				0.065	0.090	0.090	0.116
	长材运输车 8t	台班	667.41				0.02	0.03	0.04

工作内容：调运、切管、清除管口沥青、下管、打口、养护、挖还耳子。

单位：10m

编号				1-70	1-71	1-72	1-73	1-74	1-75	1-76
项目				给水承插铸铁管铺设						
				油麻膨胀水泥接口						
				*DN*500	*DN*600	*DN*700	*DN*800	*DN*900	*DN*1000	*DN*1200
预算基价	总价(元)			**977.26**	**1158.77**	**1400.05**	**1714.03**	**1844.27**	**2877.29**	**3228.11**
	人工费(元)			777.60	922.05	1155.60	1418.85	1529.55	2409.75	2740.50
	材料费(元)			43.00	49.91	57.64	64.12	83.66	120.43	140.50
	机械费(元)			156.66	186.81	186.81	231.06	231.06	347.11	347.11
组成内容		**单位**	**单价**	**数量**						
人工	综合工	工日	135.00	5.76	6.83	8.56	10.51	11.33	17.85	20.30
材料	铸铁管	m		(10.3)	(10.2)	(10.2)	(10.2)	(10.2)	(10.2)	(10.2)
	油麻	kg	16.48	1.11	1.32	1.52	1.73	2.12	3.70	4.43
	膨胀水泥	kg	1.00	3.09	4.02	4.97	5.93	6.69	12.91	16.73
	龙口打井砂	t	70.40	0.00330	0.00428	0.00530	0.00632	0.00714	0.01377	0.01785
	氧气 $6m^3$	m^3	2.88	0.93	1.02	1.20	1.33	1.90	2.13	2.32
	乙炔气 5.5~6.5kg	m^3	16.13	0.93	1.02	1.20	1.30	1.89	2.10	2.31
	零星材料费	元		3.71	4.44	4.44	4.44	5.57	5.57	5.57
机械	汽车式起重机 10t	台班	838.68	0.147						
	汽车式起重机 20t	台班	1043.80		0.147	0.147	0.183	0.183	0.275	0.275
	长材运输车 8t	台班	667.41	0.05	0.05	0.05	0.06	0.06	0.09	0.09

工作内容：调运、切管、清除管口沥青、下管、打口、养护、挖还耳子。

单位：10m

编号				1-77	1-78	1-79	1-80	1-81	1-82	1-83
项目				给水承插铸铁管铺设						
				胶圈膨胀水泥接口						
				*DN*75	*DN*100	*DN*150	*DN*200	*DN*250	*DN*300	*DN*400
预算基价	总价(元)			**297.60**	**312.06**	**312.36**	**366.84**	**514.16**	**569.80**	**651.79**
	人工费(元)			291.60	305.10	305.10	302.40	411.75	459.00	507.60
	材料费(元)			6.00	6.96	7.26	9.93	13.58	15.30	20.21
	机械费(元)						54.51	88.83	95.50	123.98
组成内容		**单位**	**单价**	**数量**						
人工	综合工	工日	135.00	2.16	2.26	2.26	2.24	3.05	3.40	3.76
材料	铸铁管	m		(10.3)	(10.3)	(10.3)	(10.3)	(10.3)	(10.3)	(10.3)
	橡胶圈	个		(2.98)	(2.98)	(2.08)	(2.08)	(2.08)	(2.08)	(1.73)
	膨胀水泥	kg	1.00	0.87	1.06	1.16	1.35	1.93	2.12	2.41
	龙口打井砂	t	70.40	0.00093	0.00113	0.00124	0.00144	0.00206	0.00227	0.00258
	氧气 $6m^3$	m^3	2.88	0.11	0.15	0.16	0.29	0.41	0.49	0.74
	乙炔气 5.5～6.5kg	m^3	16.13	0.11	0.15	0.16	0.29	0.41	0.49	0.73
	零星材料费	元		2.97	2.97	2.97	2.97	3.71	3.71	3.71
机械	汽车式起重机 10t	台班	838.68				0.065	0.090	0.090	0.116
	长材运输车 8t	台班	667.41				0.02	0.03	0.03	0.04

工作内容：调运、切管、清除管口沥青、下管、打口、养护、挖还耳子。 **单位：**10m

编号					1-84	1-85	1-86	1-87	1-88	1-89	1-90
项目					给水承插铸铁管铺设						
					胶圈膨胀水泥接口						
					*DN*500	*DN*600	*DN*700	*DN*800	*DN*900	*DN*1000	*DN*1200
预算基价	总价(元)				**959.49**	**1137.63**	**1375.63**	**1686.14**	**1810.36**	**2817.85**	**3156.97**
	人工费(元)				777.60	922.05	1155.60	1418.85	1529.55	2409.75	2740.50
	材料费(元)				25.23	28.77	33.22	36.23	49.75	60.99	69.36
	机械费(元)				156.66	186.81	186.81	231.06	231.06	347.11	347.11
组成内容			**单位**	**单价**	**数量**						
人工	综合工		工日	135.00	5.76	6.83	8.56	10.51	11.33	17.85	20.30
材料	铸铁管		m		(10.3)	(10.2)	(10.2)	(10.2)	(10.2)	(10.2)	(10.2)
	橡胶圈		个		(1.73)	(1.71)	(1.71)	(1.71)	(1.71)	(2.57)	(2.57)
	膨胀水泥		kg	1.00	3.57	4.59	5.55	6.50	7.65	14.34	18.46
	龙口打井砂		t	70.40	0.00381	0.00490	0.00592	0.00694	0.00816	0.01530	0.01969
	氧气 6m^3		m^3	2.88	0.93	1.02	1.20	1.33	1.90	2.13	2.32
	乙炔气 5.5～6.5kg		m^3	16.13	0.93	1.02	1.20	1.30	1.89	2.10	2.31
	零星材料费		元		3.71	4.44	4.44	4.44	5.57	5.57	5.57
机械	汽车式起重机 10t		台班	838.68	0.147						
	汽车式起重机 20t		台班	1043.80		0.147	0.147	0.183	0.183	0.275	0.275
	长材运输车 8t		台班	667.41	0.05	0.05	0.05	0.06	0.06	0.09	0.09

工作内容：调运、切管、清除管口沥青、下管、打口、养护、挖还耳子。 **单位：**个

编号				1-91	1-92	1-93	1-94	1-95	1-96	1-97
项目				给水承插铸铁管铺设						
				青铅接口差价						
				*DN*75	*DN*100	*DN*150	*DN*200	*DN*250	*DN*300	*DN*400
预算基价	总价(元)			**80.12**	**97.34**	**139.09**	**174.06**	**234.25**	**274.76**	**361.13**
	人工费(元)			22.28	25.79	37.80	44.42	53.73	61.83	81.54
	材料费(元)			57.84	71.55	101.29	129.64	180.52	212.93	279.59
组成内容		**单位**	**单价**	**数量**						
人工	综合工	工日	135.00	0.165	0.191	0.280	0.329	0.398	0.458	0.604
材料	青铅	kg	22.81	2.518	3.107	4.343	5.557	7.745	9.140	11.950
	油麻	kg	16.48	0.106	0.151	0.239	0.309	0.422	0.499	0.665
	零星材料费	元		0.51	0.58	0.77	0.97	1.30	1.43	1.79
	扣除原接口材料费	元		-1.85	-2.39	-2.48	-3.18	-4.40	-5.21	-5.74

工作内容：调运、切管、清除管口沥青、下管、打口、养护、挖还耳子。

单位：个

编　　号				1-98	1-99	1-100	1-101	1-102	1-103	1-104
项　　目				给水承插铸铁管铺设						
				青铅接口差价						
				DN500	DN600	DN700	DN800	DN900	DN1000	DN1200
预算基价	总　　价(元)			**529.51**	**622.42**	**710.64**	**808.32**	**918.31**	**1225.45**	**1444.36**
	人　工　费(元)			108.54	120.02	126.63	141.89	168.75	196.97	211.01
	材　料　费(元)			420.97	502.40	584.01	666.43	749.56	1028.48	1233.35
组 成 内 容		**单位**	**单价**	**数　　量**						
人工	综合工	工日	135.00	0.804	0.889	0.938	1.051	1.250	1.459	1.563
材料	青铅	kg	22.81	18.050	21.480	24.890	28.320	31.750	44.440	53.060
	油麻	kg	16.48	0.916	1.210	1.546	1.920	2.332	2.578	3.597
	零星材料费	元		2.42	2.84	3.30	3.71	4.13	5.16	6.06
	扣除原接口材料费	元		-8.27	-10.34	-12.51	-14.90	-17.22	-32.84	-42.29

工作内容： 调运、切管、清除管口沥青、下管、打口、养护、挖还耳子。 **单位：** 10m

编号				1-105	1-106	1-107	1-108	1-109	1-110
项目				给水承插铸铁管铺设					
				活动法兰铸铁管(机械接口)					
				*DN*75	*DN*100	*DN*150	*DN*200	*DN*250	*DN*300
预算基价	总价(元)			**161.02**	**170.33**	**240.58**	**263.03**	**306.99**	**506.68**
	人工费(元)			112.19	119.34	153.63	167.81	201.96	270.54
	材料费(元)			48.83	50.99	86.95	95.22	105.03	176.70
	机械费(元)								59.44
组成内容		单位	单价	数量					
人工	综合工	工日	135.00	0.831	0.884	1.138	1.243	1.496	2.004
材料	活动法兰铸铁管	m		(10)	(10)	(10)	(10)	(10)	(10)
	胶圈(机接)	个		(2.06)	(2.06)	(2.06)	(2.06)	(2.06)	(2.06)
	活动法兰	片		(2)	(2)	(2)	(2)	(2)	(2)
	支撑圈	套		2.060×9.14	2.060×10.07	2.060×20.62	2.060×24.29	2.060×28.77	2.060×33.37
	带帽螺栓 M12×100	套	3.34	8.24	8.24	12.36	12.36	12.36	
	带帽螺栓 M20×100	套	6.25						16.48
	镀锌钢丝 0.7～1.2	kg	7.34	0.01	0.02	0.03	0.03	0.04	0.05
	镀锌钢丝 2.8～4.0	kg	6.91	0.05	0.06	0.06	0.06	0.06	0.06
	塑料布 0.25	m^2	1.96	0.23	0.24	0.33	0.42	0.54	0.60
	破布	kg	5.07	0.25	0.26	0.29	0.37	0.40	0.43
	黄油	kg	3.14	0.11	0.12	0.14	0.18	0.22	0.26
机械	汽车式起重机 8t	台班	767.15						0.053
	载货汽车 8t	台班	521.59						0.036

工作内容：调运、切管、清除管口沥青、下管、打口、养护、挖还耳子。

单位：10m

编号				1-111	1-112	1-113	1-114	1-115
项目				给水承插铸铁管铺设				
				活动法兰铸铁管(机械接口)				
				*DN*350	*DN*400	*DN*450	*DN*500	*DN*600
预算基价	总价(元)			**583.94**	**721.67**	**839.82**	**1111.90**	**1296.44**
	人工费(元)			328.46	422.96	510.30	698.09	815.13
	材料费(元)			189.14	225.47	249.37	322.83	376.52
	机械费(元)			66.34	73.24	80.15	90.98	104.79
组成内容		单位	单价	数量				
人工	综合工	工日	135.00	2.433	3.133	3.780	5.171	6.038
材料	活动法兰铸铁管	m		(10)	(10)	(10)	(10)	(10)
	胶圈(机接)	个		(2.06)	(2.06)	(2.06)	(2.06)	(2.06)
	活动法兰	片		(2)	(2)	(2)	(2)	(2)
	支撑圈	套		2.06×39.09	2.06×43.96	2.06×55.11	2.06×65.32	2.06×78.08
	带帽螺栓 M20×100	套	6.25	16.48	20.60	20.60	28.84	32.96
	镀锌钢丝 0.7～1.2	kg	7.34	0.055	0.060	0.070	0.080	0.100
	镀锌钢丝 2.8～4.0	kg	6.91	0.060	0.060	0.060	0.060	0.060
	塑料布 0.25	m^2	1.96	0.800	0.940	1.111	1.280	1.520
	破布	kg	5.07	0.445	0.460	0.520	0.580	0.710
	黄油	kg	3.14	0.310	0.360	0.430	0.500	0.620
机械	汽车式起重机 8t	台班	767.15	0.062	0.071	0.080	0.088	0.106
	载货汽车 8t	台班	521.59	0.036	0.036	0.036	0.045	0.045

4.承插预应力钢筋混凝土管铺设

工作内容：调运、下管、打口、挖还耳子。

单位：10m

编号				1-116	1-117	1-118	1-119	1-120
项目				给水承插预应力混凝土管铺设				
				*DN*600	*DN*800	*DN*1000	*DN*1200	*DN*1400
预算基价	总价(元)			**1307.78**	**1872.77**	**2423.49**	**2801.28**	**3863.50**
	人工费(元)			959.85	1417.50	1863.00	2184.30	3142.80
	材料费(元)			62.00	87.50	118.73	142.90	170.33
	机械费(元)			285.93	367.77	441.76	474.08	550.37
组成内容		**单位**	**单价**	**数量**				
人工	综合工	工日	135.00	7.11	10.50	13.80	16.18	23.28
材料	预应力钢筋混凝土管	m		(10.3)	(10.3)	(10.3)	(10.3)	(10.3)
	预应力钢筋混凝土管胶圈	个		2.080×26.86	2.080×38.23	2.080×52.13	2.080×61.92	2.080×73.99
	零星材料费	元		6.13	7.98	10.30	14.11	16.43
机械	汽车式起重机 20t	台班	1043.80	0.182	0.227	0.253	0.253	0.294
	履带式推土机 60kW	台班	687.76	0.091	0.132	0.171	0.218	0.257
	长材运输车 8t	台班	667.41	0.050	0.060	0.090	0.090	0.100

5.钢制成品管件焊接

工作内容： 调运、坡口、对口、焊接、挖还耳子。

单位： 个

编号					1-121	1-122	1-123	1-124	1-125	1-126	1-127	1-128
项目					给水管道钢制成品管件安装							
					电焊连接							
					*DN*20	*DN*25	*DN*32	*DN*40	*DN*50	*DN*65	*DN*75	*DN*100
预算基价	总价(元)				**69.45**	**73.61**	**79.27**	**90.39**	**97.54**	**125.49**	**128.75**	**319.67**
	人工费(元)				51.30	55.35	60.75	71.55	78.30	99.90	102.60	288.90
	材料费(元)				0.56	0.67	0.93	1.25	1.65	2.72	3.06	4.16
	机械费(元)				17.59	17.59	17.59	17.59	17.59	22.87	23.09	26.61
组成内容		**单位**	**单价**		**数量**							
人工	综合工	工日	135.00		0.38	0.41	0.45	0.53	0.58	0.74	0.76	2.14
材料	钢制成品管件	个			(1)	(1)	(1)	(1)	(1)	(1)	(1)	(1)
	电焊条	kg	7.59		0.045	0.058	0.068	0.102	0.130	0.239	0.280	0.371
	氧气 6m^3	m^3	2.88		0.020	0.025	0.030	0.040	0.050	0.075	0.088	0.116
	乙炔气 5.5～6.5kg	m^3	16.13		0.01	0.01	0.02	0.02	0.03	0.04	0.04	0.06
	零星材料费	元						0.04	0.04	0.04	0.04	0.04
机械	电焊机 30kV·A	台班	87.97		0.20	0.20	0.20	0.20	0.20	0.26	0.26	0.30
	电动空气压缩机 6m^3/min	台班	217.48								0.001	0.001

工作内容：调运、坡口、对口、焊接、挖还耳子。　　　　**单位：**个

编号				1-129	1-130	1-131	1-132	1-133	1-134	1-135
项目				给水管道钢制成品管件安装						
				电焊连接						
				DN125	DN150	DN200	DN250	DN300	DN350	DN400
预算基价	总价(元)			**381.67**	**392.04**	**516.32**	**584.11**	**679.76**	**781.93**	**900.65**
	人工费(元)			342.90	351.00	413.10	453.60	526.50	584.55	699.30
	材料费(元)			5.01	7.22	9.42	14.46	17.19	24.02	27.27
	机械费(元)			33.76	33.82	93.80	116.05	136.07	173.36	174.08
组成内容		**单位**	**单价**	**数量**						
人工	综合工	工日	135.00	2.54	2.60	3.06	3.36	3.90	4.33	5.18
材料	钢制成品管件	个		(1)	(1)	(1)	(1)	(1)	(1)	(1)
	电焊条	kg	7.59	0.450	0.659	0.858	1.401	1.664	2.392	2.724
	氧气 $6m^3$	m^3	2.88	0.141	0.189	0.246	0.335	0.398	0.508	0.578
	乙炔气 5.5～6.5kg	m^3	16.13	0.07	0.10	0.13	0.17	0.20	0.26	0.29
	零星材料费	元		0.06	0.06	0.10	0.12	0.19	0.21	0.25
机械	电焊机 30kV•A	台班	87.97	0.38	0.38	0.68	0.83	1.05	1.28	1.28
	电动空气压缩机 $6m^3/min$	台班	217.48	0.001	0.001	0.001	0.001	0.001	0.002	0.002
	汽车式起重机 10t	台班	838.68			0.04	0.05	0.05	0.07	0.07
	长材运输车 8t	台班	667.41				0.001	0.002	0.002	0.003
	小型机具	元		0.11	0.17	0.22	0.22	0.22	0.28	0.33

工作内容：调运、坡口、对口、焊接、挖还耳子。 **单位**：个

编号				1-136	1-137	1-138	1-139	1-140	1-141	1-142
项目				给水管道钢制成品管件安装						
				电焊连接						
				DN450	DN500	DN600	DN700	DN800	DN900	DN1000
预算基价	总价(元)			**1043.55**	**1098.08**	**1599.11**	**2012.10**	**2417.91**	**2681.87**	**3396.95**
	人工费(元)			788.40	838.35	1209.60	1547.10	1861.65	2089.80	2658.15
	材料费(元)			33.55	37.19	51.99	60.61	69.14	77.84	111.12
	机械费(元)			221.60	222.54	337.52	404.39	487.12	514.23	627.68
组成内容		单位	单价	数量						
人工	综合工	工日	135.00	5.84	6.21	8.96	11.46	13.79	15.48	19.69
材料	钢制成品管件	个		(1)	(1)	(1)	(1)	(1)	(1)	(1)
	电焊条	kg	7.59	3.345	3.703	5.287	6.142	7.005	7.868	11.577
	氧气 6m^3	m^3	2.88	0.710	0.786	1.027	1.193	1.360	1.528	1.956
	乙炔气 5.5～6.5kg	m^3	16.13	0.36	0.40	0.52	0.61	0.69	0.78	1.00
	零星材料费	元		0.31	0.37	0.52	0.72	0.93	1.14	1.49
机械	汽车式起重机 10t	台班	838.68	0.11	0.11					
	汽车式起重机 20t	台班	1043.80			0.18	0.18	0.22	0.22	0.30
	电焊机 30kV·A	台班	87.97	1.43	1.43	1.65	2.40	2.85	3.15	3.45
	电动空气压缩机 6m^3/min	台班	217.48	0.002	0.003	0.003	0.004	0.004	0.004	0.005
	长材运输车 8t	台班	667.41	0.004	0.005	0.005	0.006	0.008	0.009	0.014
	小型机具	元		0.44	0.50	0.50	0.50	0.56	0.61	0.61

工作内容：调运、坡口、对口、焊接、挖还耳子。　　　　**单位：**个

编号				1-143	1-144	1-145	1-146	1-147	1-148	1-149
项目				给水管道钢制成品管件安装						
				电焊连接						
				*DN*1200	*DN*1350	*DN*1500	*DN*1600	*DN*1800	*DN*2000	*DN*2200
预算基价	总价(元)			**3673.52**	**4795.17**	**5348.52**	**6842.32**	**7426.17**	**9803.93**	**10956.11**
	人工费(元)			2818.80	3704.40	4135.05	5346.00	5756.40	7676.10	8610.30
	材料费(元)			133.34	188.97	267.45	281.23	387.96	431.41	564.67
	机械费(元)			721.38	901.80	946.02	1215.09	1281.81	1696.42	1781.14
组成内容		**单位**	**单价**	**数量**						
人工	综合工	工日	135.00	20.88	27.44	30.63	39.60	42.64	56.86	63.78
材料	钢制成品管件	个		(1)	(1)	(1)	(1)	(1)	(1)	(1)
	电焊条	kg	7.59	13.857	20.045	29.072	30.531	42.713	47.366	62.479
	氧气 $6m^3$	m^3	2.88	2.341	3.035	3.837	4.030	5.168	5.731	7.178
	乙炔气 5.5～6.5kg	m^3	16.13	1.19	1.55	1.96	2.06	2.64	2.92	3.66
	零星材料费	元		2.23	3.09	4.13	4.67	6.30	8.30	10.75
机械	汽车式起重机 20t	台班	1043.80	0.30	0.44	0.44	0.66	0.66	1.00	1.00
	电焊机 30kV•A	台班	87.97	4.50	4.75	5.23	5.66	6.38	7.04	7.78
	电动空气压缩机 $6m^3/min$	台班	217.48	0.005	0.006	0.006	0.007	0.010	0.011	0.012
	长材运输车 8t	台班	667.41	0.016	0.034	0.037	0.039	0.043	0.045	0.074
	小型机具	元		0.61	0.67	0.67	0.72	0.78	0.89	0.94

6. 钢制管件现场制作、安装

工作内容： 调运、切管、焊制管件、坡口、对口、焊接、挖还耳子。　　　　**单位：** 个

编号				1-150	1-151	1-152	1-153	1-154	1-155	1-156
项目				给水管道钢管件现场制作、安装						
				*DN*50	*DN*65	*DN*75	*DN*100	*DN*125	*DN*150	*DN*200
预算基价	总价(元)			**350.41**	**438.10**	**448.67**	**483.13**	**560.14**	**709.99**	**875.13**
	人工费(元)			324.00	402.30	411.75	422.55	490.05	622.35	681.75
	材料费(元)			3.54	5.89	7.01	24.51	30.50	41.02	72.74
	机械费(元)			22.87	29.91	29.91	36.07	39.59	46.62	120.64
组成内容		**单位**	**单价**	**数量**						
人工	综合工	工日	135.00	2.40	2.98	3.05	3.13	3.63	4.61	5.05
材料	电焊条	kg	7.59	0.289	0.530	0.621	1.528	1.910	2.662	5.129
	氧气 6m³	m³	2.88	0.111	0.166	0.195	1.072	1.340	1.711	2.835
	乙炔气 5.5～6.5kg	m³	16.13	0.06	0.08	0.10	0.59	0.73	0.95	1.54
	零星材料费	元		0.06	0.10	0.12	0.31	0.37	0.56	0.81
机械	电焊机 30kV·A	台班	87.97	0.26	0.34	0.34	0.41	0.45	0.53	0.99
	汽车式起重机 10t	台班	838.68							0.04

工作内容：调运、切管、焊制管件、坡口、对口、焊接、挖还耳子。 **单位：**个

编号				1-157	1-158	1-159	1-160	1-161	1-162
项目				给水管道钢管件现场制作、安装					
				*DN*250	*DN*300	*DN*350	*DN*400	*DN*450	*DN*500
预算基价	总价(元)			**1100.18**	**1211.88**	**1490.05**	**1645.59**	**1942.82**	**2034.83**
	人工费(元)			861.30	926.10	1124.55	1228.50	1455.30	1497.15
	材料费(元)			93.14	111.01	145.81	185.09	210.32	232.93
	机械费(元)			145.74	174.77	219.69	232.00	277.20	304.75
组成内容		**单位**	**单价**	**数量**					
人工	综合工	工日	135.00	6.38	6.86	8.33	9.10	10.78	11.09
材料	电焊条	kg	7.59	6.701	7.963	11.420	14.619	16.664	18.430
	氧气 $6m^3$	m^3	2.88	3.538	4.216	4.918	6.171	6.991	7.728
	乙炔气 5.5～6.5kg	m^3	16.13	1.92	2.29	2.68	3.36	3.79	4.20
	零星材料费	元		1.12	1.49	1.74	2.16	2.57	3.04
机械	汽车式起重机 10t	台班	838.68	0.05	0.05	0.07	0.07	0.11	0.13
	电焊机 30kV·A	台班	87.97	1.18	1.51	1.83	1.96	2.09	2.21
	电动空气压缩机 $6m^3/min$	台班	217.48				0.004	0.005	0.006

工作内容： 调运、切管、焊制管件、坡口、对口、焊接、挖还耳子。 **单位：** 个

编号				1-163	1-164	1-165	1-166	1-167	1-168
项目				给水管道钢管件现场制作、安装					
				*DN*600	*DN*700	*DN*800	*DN*900	*DN*1000	*DN*1200
预算基价	总价(元)			**2809.08**	**3251.75**	**3810.52**	**4090.33**	**5076.42**	**5366.94**
	人工费(元)			2077.65	2386.80	2782.35	2970.00	3747.60	3817.80
	材料费(元)			284.29	338.87	382.60	428.37	488.51	585.47
	机械费(元)			447.14	526.08	645.57	691.96	840.31	963.67
组成内容		**单位**	**单价**	**数量**					
人工	综合工	工日	135.00	15.39	17.68	20.61	22.00	27.76	28.28
材料	电焊条	kg	7.59	22.687	26.493	30.430	34.080	39.710	46.963
	氧气 6m^3	m^3	2.88	9.282	11.383	12.491	13.997	15.651	18.575
	乙炔气 5.5～6.5kg	m^3	16.13	5.03	6.20	6.78	7.60	8.20	10.08
	零星材料费	元		4.23	5.00	6.30	6.80	9.77	12.93
机械	汽车式起重机 20t	台班	1043.80	0.20	0.20	0.25	0.25	0.35	0.35
	电焊机 30kV•A	台班	87.97	2.69	3.58	4.34	4.86	5.34	6.72
	电动空气压缩机 6m^3/min	台班	217.48	0.008	0.011	0.013	0.016	0.024	0.033

工作内容：调运、切管、焊制管件、坡口、对口、焊接、挖还耳子。 **单位：**个

编号				1-169	1-170	1-171	1-172	1-173	1-174
项目				给水管道钢管件现场制作、安装					
				DN1350	DN1500	DN1600	DN1800	DN2000	DN2200
预算基价	总价(元)			**7347.85**	**8100.45**	**9759.56**	**10692.79**	**13184.75**	**14422.34**
	人工费(元)			5231.25	5481.00	6770.25	6929.55	8671.05	8947.80
	材料费(元)			852.92	1228.29	1287.94	1788.18	1972.71	2578.32
	机械费(元)			1263.68	1391.16	1701.37	1975.06	2540.99	2896.22
组成内容		**单位**	**单价**	**数量**					
人工	综合工	工日	135.00	38.75	40.60	50.15	51.33	64.23	66.28
材料	电焊条	kg	7.59	67.714	97.657	102.266	141.999	156.304	204.192
	氧气 $6m^3$	m^3	2.88	27.646	39.871	41.753	57.974	63.815	83.366
	乙炔气 5.5～6.5kg	m^3	16.13	14.92	21.52	22.54	31.30	34.45	45.01
	零星材料费	元		18.69	25.13	27.92	38.57	46.90	62.40
机械	汽车式起重机 20t	台班	1043.80	0.53	0.57	0.80	0.86	1.24	1.32
	电焊机 30kV·A	台班	87.97	7.96	8.89	9.67	12.00	13.87	16.86
	电动空气压缩机 $6m^3/min$	台班	217.48	0.047	0.065	0.072	0.100	0.122	0.162

7.塑料管粘接

工作内容：检查及清扫管材、管道安装、粘接、调直。 **单位：**10m

编号				1-175	1-176	1-177	1-178	1-179	1-180	1-181	1-182
项目				给水塑料管铺设							
				粘接							
				$D25$	$D32$	$D50$	$D75$	$D110$	$D125$	$D140$	$D160$
预算基价	总价(元)			**54.37**	**58.57**	**80.37**	**107.83**	**142.21**	**162.78**	**177.91**	**205.11**
	人工费(元)			54.00	58.05	79.65	106.65	140.40	160.65	175.50	202.50
	材料费(元)			0.37	0.52	0.72	1.10	1.73	2.05	2.33	2.50
	机械费(元)						0.08	0.08	0.08	0.08	0.11
组成内容		单位	单价	数量							
人工	综合工	工日	135.00	0.40	0.43	0.59	0.79	1.04	1.19	1.30	1.50
材料	塑料管	m		(10)	(10)	(10)	(10)	(10)	(10)	(10)	(10)
	丙酮	kg	9.89	0.008	0.010	0.015	0.023	0.047	0.054	0.065	0.070
	胶粘剂	kg	24.23	0.005	0.007	0.010	0.016	0.032	0.036	0.043	0.048
	钢锯条	根	0.34	0.015	0.019	0.024					
	砂布	张	0.93	0.174	0.261	0.348	0.522	0.522	0.696	0.696	0.696
机械	木工圆锯机 500mm	台班	26.53				0.003	0.003	0.003	0.003	0.004

8.塑料管(胶圈接口)

工作内容：检查及清扫管材、管道安装、上胶圈、对口、调直。　　**单位：**10m

编号				1-183	1-184	1-185	1-186	1-187	1-188	1-189	1-190
项目				给水塑料管铺设							
				胶圈接口							
				*D*90	*D*125	*D*160	*D*250	*D*315	*D*355	*D*400	*D*500
预算基价	总价(元)			**144.12**	**162.41**	**200.66**	**332.92**	**394.38**	**476.10**	**527.67**	**609.77**
	人工费(元)			126.90	144.45	182.25	311.85	372.60	448.20	494.10	569.70
	材料费(元)			17.14	17.88	18.30	20.94	21.62	27.74	33.38	39.80
	机械费(元)			0.08	0.08	0.11	0.13	0.16	0.16	0.19	0.27
组成内容		**单位**	**单价**	**数量**							
人工	综合工	工日	135.00	0.94	1.07	1.35	2.31	2.76	3.32	3.66	4.22
材料	塑料管	m		(10)	(10)	(10)	(10)	(10)	(10)	(10)	(10)
	橡胶圈	个		2.060×7.68	2.060×7.93	2.060×8.02	2.060×8.90	2.060×9.18	2.060×11.89	2.060×14.55	2.060×17.41
	润滑油	kg	11.21	0.074	0.080	0.101	0.141	0.141	0.181	0.181	0.221
	砂布	张	0.93	0.522	0.696	0.696	1.104	1.217	1.304	1.478	1.565
机械	木工圆锯机 500mm	台班	26.53	0.003	0.003	0.004	0.005	0.006	0.006	0.007	0.010

9.承插铸铁管件安装

工作内容：调运、清除管口沥青、管件安装、打口、养护、挖还耳子。 **单位：**个

编号				1-191	1-192	1-193	1-194	1-195	1-196	1-197
项目				给水管道承插铸铁管件安装						
				*DN*75	*DN*100	*DN*150	*DN*200	*DN*250	*DN*300	*DN*400
预算基价	总价(元)			**97.80**	**101.54**	**108.78**	**187.28**	**201.45**	**266.27**	**372.41**
	人工费(元)			85.05	85.05	85.05	135.00	135.00	175.50	253.80
	材料费(元)			12.75	16.49	23.73	31.31	42.97	64.62	82.74
	机械费(元)						20.97	23.48	26.15	35.87
组成内容		单位	单价	数量						
人工	综合工	工日	135.00	0.63	0.63	0.63	1.00	1.00	1.30	1.88
材料	铸铁管件	个		(1)	(1)	(1)	(1)	(1)	(1)	(1)
	氧气 6m^3	m^3	2.88	0.05	0.07	0.09	0.16	0.20	0.24	0.45
	乙炔气 5.5～6.5kg	m^3	16.13	0.05	0.07	0.09	0.16	0.20	0.24	0.45
	镀锌钢丝 2.8～4.0	kg	6.91						2	2
	接口材料费	元		11.80	15.16	22.02	28.27	39.17	46.24	60.37
机械	汽车式起重机 10t	台班	838.68				0.025	0.028	0.028	0.038
	长材运输车 8t	台班	667.41						0.004	0.006

工作内容：调运、清除管口沥青、管件安装、打口、养护、挖还耳子。 **单位：**个

编号				1-198	1-199	1-200	1-201	1-202	1-203	1-204
项目				给水管道承插铸铁管件安装						
				*DN*500	*DN*600	*DN*700	*DN*800	*DN*900	*DN*1000	*DN*1200
预算基价	总价(元)			**580.28**	**711.99**	**909.43**	**1122.95**	**1239.99**	**1507.41**	**2160.37**
	人工费(元)			422.55	506.25	675.00	843.75	928.80	1097.55	1687.50
	材料费(元)			120.52	150.38	174.23	198.88	225.36	280.36	343.37
	机械费(元)			37.21	55.36	60.20	80.32	85.83	129.50	129.50
组成内容		单位	单价	数量						
人工	综合工	工日	135.00	3.13	3.75	5.00	6.25	6.88	8.13	12.50
材料	铸铁管件	个		(1)	(1)	(1)	(1)	(1)	(1)	(1)
	镀锌钢丝 2.8～4.0	kg	6.91	3	4	4	4	4	4	4
	氧气 6m³	m³	2.88	0.57	0.69	0.81	0.90	1.00	1.12	1.22
	乙炔气 5.5～6.5kg	m³	16.13	0.57	0.69	0.80	0.88	1.00	1.11	1.22
	接口材料费	元		88.95	109.62	131.35	154.45	178.71	231.59	292.54
机械	汽车式起重机 10t	台班	838.68	0.038						
	汽车式起重机 20t	台班	1043.80		0.046	0.050	0.068	0.072	0.110	0.110
	长材运输车 8t	台班	667.41	0.008	0.011	0.012	0.014	0.016	0.022	0.022

10.给水管道水压试验

工作内容：安拆试压管线和管堵，灌水加压、检查，排水。　　**单位：**10m

编号				1-205	1-206	1-207	1-208	1-209	1-210	1-211
项目				给水管道水压试验						
				钢管						
				*DN*20	*DN*25	*DN*32	*DN*40	*DN*50	*DN*65	*DN*75
预算基价	总价(元)			**44.02**	**44.06**	**44.10**	**44.14**	**47.73**	**47.91**	**48.09**
	人工费(元)			40.50	40.50	40.50	40.50	40.50	40.50	40.50
	材料费(元)			0.04	0.08	0.12	0.16	0.27	0.45	0.63
	机械费(元)			3.48	3.48	3.48	3.48	6.96	6.96	6.96
组成内容		**单位**	**单价**	**数量**						
人工	综合工	工日	135.00	0.30	0.30	0.30	0.30	0.30	0.30	0.30
材料	玛铁三通	个		0.01×1.49	0.01×2.33	0.01×3.65	0.01×4.41	0.01×6.70	0.01×13.43	0.01×18.08
	玛铁管堵	个		0.01×0.68	0.01×0.96	0.01×1.47	0.01×2.06	0.01×3.40	0.01×5.19	0.01×6.71
	水	m^3	7.62	0.003	0.006	0.009	0.013	0.022	0.035	0.050
机械	电动单级离心清水泵 100mm	台班	34.80	0.1	0.1	0.1	0.1	0.2	0.2	0.2

工作内容：制作盲板，堵管，安拆试压管线，灌水加压、检查，排水，拆除盲板。 **单位：**10m

编号				1-212	1-213	1-214	1-215	1-216	1-217	1-218
项目				给水管道水压试验						
				钢管						
				*DN*100	*DN*150	*DN*200	*DN*250	*DN*300	*DN*350	*DN*400
预算基价	总价(元)			**65.02**	**77.26**	**90.14**	**93.29**	**114.22**	**122.03**	**144.22**
	人工费(元)			51.30	51.30	59.40	59.40	67.50	67.50	75.60
	材料费(元)			1.26	2.37	5.39	7.65	10.10	13.24	16.63
	机械费(元)			12.46	23.59	25.35	26.24	36.62	41.29	51.99
组成内容		**单位**	**单价**	**数量**						
人工	综合工	工日	135.00	0.38	0.38	0.44	0.44	0.50	0.50	0.56
材料	水	m^3	7.62	0.09	0.20	0.36	0.56	0.81	1.11	1.44
	钢板(中厚)	t	3876.58	0.00006	0.00010	0.00054	0.00063	0.00074	0.00088	0.00103
	电焊条	kg	7.59	0.019	0.033	0.043	0.070	0.083	0.120	0.136
	氧气 6m^3	m^3	2.88	0.011	0.017	0.023	0.031	0.036	0.047	0.053
	乙炔气 5.5～6.5kg	m^3	16.13	0.01	0.01	0.01	0.02	0.02	0.02	0.03
机械	电动单级离心清水泵 100mm	台班	34.80	0.3	0.6	0.6	0.6	0.6	0.6	0.9
	电焊机 30kV·A	台班	87.97	0.020	0.025	0.045	0.055	0.070	0.085	0.085
	立式钻床 25mm	台班	6.78	0.001	0.002	0.002	0.003	0.004	0.004	0.005
	试压泵 60MPa	台班	24.94	0.01	0.02	0.02	0.02	0.02	0.02	0.03
	汽车式起重机 10t	台班	838.68					0.010	0.014	0.014
	长材运输车 8t	台班	667.41					0.001	0.001	0.001

工作内容：制作盲板，堵管，安拆试压管线，灌水加压、检查，排水，拆除盲板。 **单位：**10m

编号				1-219	1-220	1-221	1-222	1-223	1-224	1-225
项目				给水管道水压试验						
				钢管						
				*DN*450	*DN*500	*DN*600	*DN*700	*DN*800	*DN*900	*DN*1000
预算基价	总价(元)			**155.72**	**178.31**	**208.87**	**232.87**	**265.06**	**302.74**	**347.97**
	人工费(元)			75.60	93.15	93.15	101.25	109.35	118.80	126.90
	材料费(元)			20.54	24.91	35.02	46.52	59.62	74.48	92.46
	机械费(元)			59.58	60.25	80.70	85.10	96.09	109.46	128.61
组成内容		**单位**	**单价**	**数量**						
人工	综合工	工日	135.00	0.56	0.69	0.69	0.75	0.81	0.88	0.94
材料	钢板(中厚)	t	3876.58	0.00120	0.00140	0.00185	0.00238	0.00299	0.00368	0.00446
	电焊条	kg	7.59	0.167	0.185	0.264	0.307	0.350	0.393	0.579
	氧气 6m^3	m^3	2.88	0.065	0.072	0.094	0.109	0.125	0.140	0.179
	乙炔气 5.5~6.5kg	m^3	16.13	0.03	0.04	0.05	0.06	0.06	0.07	0.09
	水	m^3	7.62	1.83	2.26	3.25	4.42	5.78	7.31	9.03
机械	汽车式起重机 10t	台班	838.68	0.022	0.022					
	汽车式起重机 20t	台班	1043.80			0.036	0.036	0.044	0.044	0.060
	电焊机 30kV•A	台班	87.97	0.095	0.095	0.110	0.160	0.190	0.210	0.230
	立式钻床 25mm	台班	6.78	0.006	0.006	0.006	0.007	0.007	0.007	0.010
	试压泵 60MPa	台班	24.94	0.03	0.03	0.03	0.03	0.03	0.05	0.05
	电动单级离心清水泵 100mm	台班	34.80	0.9	0.9	0.9	0.9	0.9	1.2	1.2
	长材运输车 8t	台班	667.41	0.001	0.002	0.002	0.002	0.002	0.003	0.004

工作内容：制作盲板，堵管，安拆试压管线，灌水加压、检查，排水，拆除盲板。　　**单位：**10m

编　号				1-226	1-227	1-228	1-229	1-230	1-231	1-232
项　目				给水管道水压试验						
				钢管						
				*DN*1200	*DN*1350	*DN*1500	*DN*1600	*DN*1800	*DN*2000	*DN*2200
预算基价	总　价(元)			**409.47**	**496.33**	**559.07**	**652.45**	**736.96**	**896.81**	**1001.07**
	人　工　费(元)			143.10	160.65	168.75	186.30	202.50	220.05	236.25
	材　料　费(元)			130.94	166.37	206.81	233.84	297.09	363.78	442.08
	机　械　费(元)			135.43	169.31	183.51	232.31	237.37	312.98	322.74
组成内容		**单位**	**单价**	**数　量**						
人工	综合工	工日	135.00	1.06	1.19	1.25	1.38	1.50	1.63	1.75
材料	钢板(中厚)	t	3876.58	0.00625	0.00781	0.00955	0.01082	0.01359	0.01669	0.02011
	电焊条	kg	7.59	0.693	1.002	1.454	1.527	2.136	2.368	3.118
	氧气 6m³	m³	2.88	0.215	0.278	0.352	0.370	0.474	0.526	0.659
	乙炔气 5.5～6.5kg	m³	16.13	0.11	0.14	0.18	0.19	0.24	0.27	0.34
	水	m³	7.62	13.00	16.46	20.32	23.12	29.26	36.12	43.71
机械	汽车式起重机 20t	台班	1043.80	0.060	0.088	0.088	0.132	0.132	0.200	0.200
	电焊机 30kV•A	台班	87.97	0.300	0.315	0.350	0.375	0.425	0.470	0.520
	立式钻床 25mm	台班	6.78	0.010	0.010	0.012	0.012	0.012	0.012	0.015
	试压泵 60MPa	台班	24.94	0.05	0.05	0.05	0.05	0.05	0.05	0.05
	电动单级离心清水泵 100mm	台班	34.80	1.2	1.2	1.5	1.5	1.5	1.5	1.5
	长材运输车 8t	台班	667.41	0.005	0.010	0.011	0.012	0.013	0.014	0.022

工作内容：堵管，安拆试压管线，灌水加压、检查，排水，拆除管堵。　　　　**单位：**10m

编号				1-233	1-234	1-235	1-236	1-237	1-238	1-239
项目				给水管道水压试验						
				铸铁管						
				*DN*75	*DN*100	*DN*150	*DN*200	*DN*250	*DN*300	*DN*400
预算基价	总价(元)			**60.65**	**71.11**	**87.19**	**97.91**	**104.07**	**121.45**	**153.46**
	人工费(元)			41.85	51.30	51.30	59.40	59.40	67.50	75.60
	材料费(元)			5.03	6.04	8.37	10.98	17.14	20.72	29.19
	机械费(元)			13.77	13.77	27.52	27.53	27.53	33.23	48.67
组成内容		**单位**	**单价**	**数量**						
人工	综合工	工日	135.00	0.31	0.38	0.38	0.44	0.44	0.50	0.56
材料	铸铁承堵	个		0.005×13.30	0.005×16.45	0.005×27.92	0.005×38.30	0.005×56.59	0.005×74.88	0.005×149.77
	铸铁插堵	个		0.005×28.14	0.005×31.38	0.005×45.34	0.005×62.76	0.005×95.01	0.005×127.26	0.005×220.87
	方木	m^3	3266.74	0.0004	0.0004	0.0004	0.0004	0.0006	0.0006	0.0006
	钢板(中厚)	t	3876.58	0.0002	0.0002	0.0002	0.0002	0.0006	0.0006	0.0006
	水	m^3	7.62	0.05	0.09	0.20	0.36	0.56	0.81	1.44
	接口材料费	元		2.36	3.03	4.40	5.65	7.83	9.25	12.08
机械	立式钻床 25mm	台班	6.78	0.002	0.002	0.002	0.003	0.003	0.004	0.005
	立式油压千斤顶 100t	台班	10.21	0.3	0.3	0.6	0.6	0.6	0.6	0.9
	试压泵 60MPa	台班	24.94	0.01	0.01	0.02	0.02	0.02	0.02	0.03
	电动单级离心清水泵 100mm	台班	34.80	0.3	0.3	0.6	0.6	0.6	0.6	0.9
	汽车式起重机 10t	台班	838.68						0.006	0.008
	长材运输车 8t	台班	667.41						0.001	0.001

工作内容：堵管，安拆试压管线，灌水加压、检查，排水，拆除管堵。 **单位：**10m

编号				1-240	1-241	1-242	1-243	1-244	1-245	1-246
项目				给水管道水压试验						
				铸铁管						
				*DN*500	*DN*600	*DN*700	*DN*800	*DN*900	*DN*1000	*DN*1200
预算基价	总价(元)			**184.52**	**213.85**	**238.53**	**267.84**	**310.59**	**389.70**	**455.42**
	人工费(元)			93.15	93.15	101.25	109.35	118.80	126.90	143.10
	材料费(元)			42.03	68.67	84.20	100.57	119.87	181.84	231.36
	机械费(元)			49.34	52.03	53.08	57.92	71.92	80.96	80.96
组成内容		**单位**	**单价**	**数量**						
人工	综合工	工日	135.00	0.69	0.69	0.75	0.81	0.88	0.94	1.06
材料	铸铁承堵	个		0.005×232.45	0.005×426.16	0.005×601.20	0.005×776.23	0.005×1045.20	0.005×1314.64	0.005×1983.59
	铸铁插堵	个		0.005×313.73	0.005×426.16	0.005×616.29	0.005×806.42	0.005×1097.52	0.005×1388.62	0.005×2134.56
	方木	m^3	3266.74	0.0006	0.0040	0.0040	0.0040	0.0040	0.0113	0.0113
	钢板(中厚)	t	3876.58	0.0006	0.0012	0.0012	0.0012	0.0012	0.0042	0.0042
	水	m^3	7.62	2.26	3.25	4.42	5.78	7.31	9.03	13.00
	接口材料费	元		17.79	21.92	26.71	30.89	35.74	46.32	58.51
机械	汽车式起重机 10t	台班	838.68	0.008						
	汽车式起重机 20t	台班	1043.80		0.009	0.010	0.014	0.014	0.022	0.022
	立式钻床 25mm	台班	6.78	0.006	0.006	0.007	0.007	0.007	0.010	0.010
	立式油压千斤顶 100t	台班	10.21	0.9	0.9	0.9	0.9	1.2	1.2	1.2
	试压泵 60MPa	台班	24.94	0.03	0.03	0.03	0.03	0.05	0.05	0.05
	电动单级离心清水泵 100mm	台班	34.80	0.9	0.9	0.9	0.9	1.2	1.2	1.2
	长材运输车 8t	台班	667.41	0.002	0.002	0.002	0.003	0.003	0.004	0.004

11.给水管道冲洗消毒

工作内容：溶解漂白粉、灌水冲除管内杂物、消毒、试验、排水。

单位：10m

编号					1-247	1-248	1-249	1-250	1-251	1-252	1-253
项目					给水管道冲洗消毒						
					*DN*20	*DN*25	*DN*32	*DN*40	*DN*50	*DN*65	*DN*75
预算基价	总价(元)				**11.50**	**11.80**	**12.46**	**13.20**	**14.60**	**16.32**	**39.69**
	人工费(元)				10.80	10.80	10.80	10.80	10.80	10.80	31.59
	材料费(元)				0.35	0.65	0.96	1.36	2.41	3.78	5.51
	机械费(元)				0.35	0.35	0.70	1.04	1.39	1.74	2.59
组成内容		**单位**	**单价**		**数量**						
人工	综合工	工日	135.00		0.080	0.080	0.080	0.080	0.080	0.080	0.234
材料	水	m^3	7.62		0.04	0.08	0.12	0.17	0.30	0.47	0.68
	漂白粉	kg	1.56		0.001	0.001	0.002	0.002	0.004	0.006	0.010
	零星材料费	元			0.04	0.04	0.04	0.06	0.12	0.19	0.31
机械	电动单级离心清水泵 50mm	台班	28.19								0.03
	电动单级离心清水泵 100mm	台班	34.80		0.01	0.01	0.02	0.03	0.04	0.05	0.05

工作内容：溶解漂白粉、灌水冲除管内杂物、消毒、试验、排水。 **单位：**10m

编号					1-254	1-255	1-256	1-257	1-258	1-259	1-260
项目					给水管道冲洗消毒						
					*DN*100	*DN*150	*DN*200	*DN*250	*DN*300	*DN*350	*DN*400
预算基价	总价(元)				**45.40**	**59.88**	**79.10**	**106.89**	**140.25**	**175.83**	**216.19**
	人工费(元)				32.94	35.51	38.21	44.96	51.84	56.70	61.56
	材料费(元)				9.87	21.78	38.30	59.34	85.82	116.54	152.04
	机械费(元)				2.59	2.59	2.59	2.59	2.59	2.59	2.59
组成内容			**单位**	**单价**	**数量**						
人工	综合工		工日	135.00	0.244	0.263	0.283	0.333	0.384	0.420	0.456
材料	水		m^3	7.62	1.21	2.73	4.85	7.56	10.96	14.86	19.42
	漂白粉		kg	1.56	0.020	0.030	0.040	0.050	0.070	0.100	0.130
	零星材料费		元		0.62	0.93	1.28	1.65	2.20	3.15	3.86
机械	电动单级离心清水泵 50mm		台班	28.19	0.03	0.03	0.03	0.03	0.03	0.03	0.03
	电动单级离心清水泵 100mm		台班	34.80	0.05	0.05	0.05	0.05	0.05	0.05	0.05

工作内容：溶解漂白粉、灌水冲除管内杂物、消毒、试验、排水。

单位：10m

编号				1-261	1-262	1-263	1-264	1-265	1-266	1-267
项目				给水管道冲洗消毒						
				*DN*450	*DN*500	*DN*600	*DN*700	*DN*800	*DN*900	*DN*1000
预算基价	总价(元)			**328.37**	**394.18**	**539.57**	**664.93**	**849.97**	**1014.41**	**1229.10**
	人工费(元)			67.64	73.58	79.11	83.43	87.62	91.94	96.53
	材料费(元)			258.14	318.01	457.87	578.91	757.46	917.58	1127.68
	机械费(元)			2.59	2.59	2.59	2.59	4.89	4.89	4.89
组成内容		**单位**	**单价**	**数量**						
人工	综合工	工日	135.00	0.501	0.545	0.586	0.618	0.649	0.681	0.715
材料	水	m^3	7.62	33.25	41.00	59.00	74.50	97.50	118.00	145.00
	漂白粉	kg	1.56	0.19	0.24	0.29	0.40	0.51	0.65	0.80
	零星材料费	元		4.48	5.22	7.84	10.60	13.71	17.41	21.53
机械	电动单级离心清水泵 50mm	台班	28.19	0.03	0.03	0.03	0.03	0.05	0.05	0.05
	电动单级离心清水泵 100mm	台班	34.80	0.05	0.05	0.05	0.05	0.10	0.10	0.10

工作内容： 溶解漂白粉、灌水冲除管内杂物、消毒、试验、排水。　　　　**单位：** 10m

编号					1-268	1-269	1-270	1-271	1-272	1-273	1-274
项目					给水管道冲洗消毒						
					DN1200	DN1350	DN1500	DN1600	DN1800	DN2000	DN2200
预算基价	总价(元)				**1734.38**	**2171.54**	**2659.44**	**3013.21**	**3786.82**	**4650.09**	**5603.66**
	人工费(元)				105.71	112.19	118.26	122.04	129.47	136.49	143.24
	材料费(元)				1623.78	2054.46	2536.29	2886.28	3652.46	4508.71	5455.53
	机械费(元)				4.89	4.89	4.89	4.89	4.89	4.89	4.89
组成内容			**单位**	**单价**	**数量**						
人工	综合工		工日	135.00	0.783	0.831	0.876	0.904	0.959	1.011	1.061
材料	水		m^3	7.62	208.8	264.2	326.2	371.2	469.8	580.0	701.8
	漂白粉		kg	1.56	1.10	1.30	1.50	1.70	1.90	2.20	2.50
	零星材料费		元		31.01	39.23	48.31	55.08	69.62	85.68	103.91
机械	电动单级离心清水泵 50mm		台班	28.19	0.05	0.05	0.05	0.05	0.05	0.05	0.05
	电动单级离心清水泵 100mm		台班	34.80	0.10	0.10	0.10	0.10	0.10	0.10	0.10

12.套管内铺砂垫层

工作内容：运砂、管内铺砂。

单位：m³

编号				1-275
项目				套管内铺砂垫层
预算基价	总价(元)			**552.50**
	人工费(元)			422.55
	材料费(元)			129.95
组成内容		单位	单价	数量
人工	综合工	工日	135.00	3.13
材料	粗砂	t	86.63	1.500

第二章　附 件 安 装

说　明

一、人字柔口安装子目为安装柔口的费用,与直管间的法兰连接或套管焊接另行计算。

二、钢管中用法兰盘连接的开口附件,基价分为接装成品钢管件和现场焊接安装法兰盘两种。现场焊接安装法兰盘基价,包括焊接和连接法兰盘在内。接装成品钢管件指接装的成品钢管件已带有法兰盘,无须再行焊接;基价包括法兰盘连接,未包括成品钢管件安装,成品钢管件安装可套相应子目另行计算。

三、水表安装子目包括水表井内部所有管件的安装用工。水表井内发生子目中未列的管件,可计算其价值,但人工消耗量和其他材料不做调整。

四、法兰盘焊接和连接应分别列项计算。采用法兰盘连接子目安装法兰堵板时,应增加法兰堵板的材料费。

五、法兰盘的螺栓用量按常规考虑。由于附件型号不同影响螺栓规格和数量时可以换算。如设计要求使用不锈钢螺栓,可换算其价值,人工、机械不做调整。

六、给水管道的橡胶板厚度,公称直径600mm以内按3mm考虑;公称直径900mm以内按5mm考虑;公称直径900mm以外按6mm考虑。

七、各种附件安装前的防腐费用计入附件材料费内。安装附件的防腐费用综合计入管道的防腐子目内,不另计算。

八、阀门解体检查,公称直径700mm以内按煤气阀门考虑;公称直径700mm以外按给水阀门考虑,不做换算。

九、带水接头子目计算增加的人工量和排水台班用量,接头所用管件按相应子目计算。公称直径250mm以内的带水接头,不另增加人工(不计算带水接头)。不同直径的接头以带水管道的直径为准,如带水接头系钢管,且在旧管切口接较小口径的新支管时,带水接头的直径应按新接支管直径计算。接头处可按现场制作、安装钢管件计算。

十、消火栓安装子目为地上式消火栓,以“套”计算。

十一、分水栓安装子目未包括排水内容,应按施工组织设计另行计算。

工程量计算规则

一、阀门、人字柔口、测流孔、放气孔、人孔、人孔放气孔、泄水口、消火栓、分水栓、水表、塑料管件均按设计图示数量计算。

二、法兰盘焊接、连接按设计图示数量计算,附件中已包括的除外。

三、捞杆按设计图示数量计算。

四、阀门解体检查按实际数量计算。

1.螺纹阀门安装

工作内容： 切管、套丝、缠丝、抹油、安装阀门。

单位： 个

编号				1-276	1-277	1-278	1-279	1-280
项目				给水管道螺纹阀门安装				
				*DN*20	*DN*25	*DN*32	*DN*40	*DN*50
预算基价	总价(元)			**26.27**	**31.92**	**33.42**	**43.22**	**50.18**
	人工费(元)			25.65	31.05	32.40	41.85	48.60
	材料费(元)			0.62	0.87	1.02	1.37	1.58
组成内容		**单位**	**单价**	**数量**				
人工	综合工	工日	135.00	0.19	0.23	0.24	0.31	0.36
材料	阀门	个		(1)	(1)	(1)	(1)	(1)
	铅油(厚漆)	kg	9.80	0.015	0.020	0.030	0.040	0.045
	油麻	kg	16.48	0.004	0.005	0.007	0.009	0.010
	机油（综合）	kg	7.21	0.0035	0.0040	0.0050	0.0060	0.0080
	钢锯条	根	0.34	0.09	0.10	0.12	0.16	0.19
	棉纱	kg	16.11	0.01	0.02	0.02	0.03	0.03
	零星材料费	元		0.19	0.21	0.21	0.25	0.37

2.法兰闸安装

工作内容：切管，焊接法兰盘、法兰连接、制垫加垫，换油麻盘根，安装阀门，挖还耳子。

单位：个

编号				1-281	1-282	1-283	1-284	1-285	1-286	1-287	1-288
项目				给水管道法兰闸安装							
				钢管							
				DN75	DN100	DN150	DN200	DN250	DN300	DN350	DN400
预算基价	总价(元)			**304.72**	**333.77**	**505.44**	**1000.29**	**1238.88**	**1781.18**	**2074.95**	**2871.56**
	人工费(元)			186.30	186.30	278.10	649.35	499.50	714.15	714.15	1000.35
	材料费(元)			95.55	121.08	193.91	291.12	575.82	833.80	1107.34	1535.59
	机械费(元)			22.87	26.39	33.43	59.82	163.56	233.23	253.46	335.62
组成内容		**单位**	**单价**	**数量**							
人工	综合工	工日	135.00	1.38	1.38	2.06	4.81	3.70	5.29	5.29	7.41
材料	法兰闸	个		(1)	(1)	(1)	(1)	(1)	(1)	(1)	(1)
	钢法兰盘	个		2×36.56	2×48.19	2×79.27	2×119.54	2×246.34	2×365.92	2×487.00	2×689.44
	带帽螺栓	套		8.16×1.46	8.16×1.46	12.24×1.46	16.32×1.46	16.32×2.59	20.40×2.59	20.40×3.42	24.48×3.42
	橡胶板	kg	10.31	0.228	0.298	0.430	0.572	0.722	0.912	1.204	1.404
	电焊条	kg	7.59	0.392	0.472	0.692	1.632	2.852	3.396	4.736	5.356
	氧气 $6m^3$	m^3	2.88	0.078	0.100	0.162	0.266	0.330	0.394	0.456	0.588
	乙炔气 5.5～6.5kg	m^3	16.13	0.04	0.05	0.08	0.13	0.17	0.20	0.23	0.29
	零星材料费	元		4.32	5.04	6.06	7.07	8.09	9.58	10.19	11.49
机械	电焊机 30kV·A	台班	87.97	0.26	0.30	0.38	0.68	0.83	1.05	1.28	1.28
	汽车式起重机 10t	台班	838.68					0.10	0.16	0.16	0.25
	长材运输车 8t	台班	667.41					0.01	0.01	0.01	0.02

工作内容： 切管，焊接法兰盘、法兰连接、制垫加垫，换油麻盘根，安装阀门，挖还耳子。

单位： 个

编号				1-289	1-290	1-291	1-292	1-293	1-294	1-295
项目				给水管道法兰闸安装						
				钢管						
				*DN*500	*DN*600	*DN*700	*DN*800	*DN*900	*DN*1000	*DN*1200
预算基价	总价（元）			**4579.75**	**4796.25**	**5394.12**	**6067.07**	**7614.00**	**9082.85**	**9159.81**
	人工费（元）			1428.30	1641.60	1786.05	1999.35	2284.20	2570.40	3140.10
	材料费（元）			2586.29	2467.58	2848.35	3255.06	3968.85	5078.39	4493.28
	机械费（元）			565.16	687.07	759.72	812.66	1360.95	1434.06	1526.43
组成内容		单位	单价	数量						
人工	综合工	工日	135.00	10.58	12.16	13.23	14.81	16.92	19.04	23.26
材料	法兰闸	个		(1)	(1)	(1)	(1)	(1)	(1)	(1)
	钢法兰盘	个		2×1195.37	2×1109.10	2×1153.71	2×1299.85	2×1622.98	2×2100.33	2×1724.41
	带帽螺栓	套		24.48×4.03	32.64×4.03	32.64×11.48	40.80×11.48	40.80×12.20	48.96×12.20	57.12×12.20
	橡胶板	kg	10.31	1.884	2.660	6.090	6.510	8.690	12.440	16.040
	电焊条	kg	7.59	6.648	7.920	9.048	10.300	11.564	12.820	15.341
	氧气 6m^3	m^3	2.88	0.732	0.870	1.092	1.318	1.480	1.640	1.961
	乙炔气 5.5～6.5kg	m^3	16.13	0.37	0.44	0.55	0.66	0.74	0.82	0.98
	零星材料费	元		18.94	20.70	22.74	27.24	31.57	36.91	44.33
机械	汽车式起重机 10t	台班	838.68	0.50						
	汽车式起重机 20t	台班	1043.80		0.50	0.50	0.50	1.00	1.00	1.00
	电焊机 30kV·A	台班	87.97	1.43	1.65	2.40	2.85	3.15	3.45	4.50
	长材运输车 8t	台班	667.41	0.03	0.03	0.04	0.06	0.06	0.13	0.13

工作内容： 安装承盘短管、插盘短管，法兰连接、制垫加垫，换油麻盘根，安装阀门，挖还耳子。 **单位：** 个

编号				1-296	1-297	1-298	1-299	1-300	1-301	1-302	1-303
项目				给水管道法兰闸安装							
				铸铁管							
				*DN*75	*DN*100	*DN*150	*DN*200	*DN*250	*DN*300	*DN*350	*DN*400
预算基价	总价(元)			**297.14**	**331.82**	**491.99**	**663.94**	**872.41**	**1571.67**	**1833.58**	**2253.75**
	人工费(元)			168.75	168.75	253.80	337.50	270.00	675.00	675.00	810.00
	材料费(元)			128.39	163.07	238.19	326.44	511.87	755.81	1017.72	1220.73
	机械费(元)							90.54	140.86	140.86	223.02
组成内容		**单位**	**单价**	**数量**							
人工	综合工	工日	135.00	1.25	1.25	1.88	2.50	2.00	5.00	5.00	6.00
材料	法兰闸	个		(1)	(1)	(1)	(1)	(1)	(1)	(1)	(1)
	铸铁承盘短管	个		1×46.57	1×53.99	1×75.92	1×111.98	1×172.79	1×265.36	1×329.95	1×408.28
	铸铁加长插盘短管	个		1×53.94	1×76.51	1×114.59	1×151.35	1×243.81	1×366.81	1×531.70	1×633.69
	带帽螺栓	套		8.16×1.46	8.16×1.46	12.24×1.46	16.32×1.46	16.32×2.59	20.40×2.59	20.40×3.42	24.48×3.42
	橡胶板	kg	10.31	0.228	0.298	0.430	0.572	0.722	0.912	1.204	1.404
	氧气 6m^3	m^3	2.88	0.05	0.07	0.09	0.16	0.20	0.24	0.39	0.45
	乙炔气 5.5~6.5kg	m^3	16.13	0.05	0.07	0.09	0.16	0.20	0.24	0.39	0.45
	接口材料费	元		11.80	15.16	22.02	28.27	39.17	46.24	55.35	60.37
	零星材料费	元		0.87	1.09	1.65	2.07	2.59	10.60	11.12	11.64
机械	汽车式起重机 10t	台班	838.68					0.10	0.16	0.16	0.25
	长材运输车 8t	台班	667.41					0.01	0.01	0.01	0.02

工作内容：安装承盘短管、插盘短管，法兰连接、制垫加垫，换油麻盘根，安装阀门，挖还耳子。 **单位**：个

编号				1-304	1-305	1-306	1-307	1-308	1-309	1-310
项目				给水管道法兰闸安装						
				铸铁管						
				DN500	DN600	DN700	DN800	DN900	DN1000	DN1200
预算基价	总价(元)			**2932.88**	**3766.15**	**5538.08**	**7069.27**	**9025.71**	**10622.89**	**14389.23**
	人工费(元)			843.75	1012.50	1350.00	1687.50	2025.00	2362.50	3037.50
	材料费(元)			1649.77	2211.73	3639.48	4819.83	5916.87	7129.83	10221.17
	机械费(元)			439.36	541.92	548.60	561.94	1083.84	1130.56	1130.56
组成内容		**单位**	**单价**	**数量**						
人工	综合工	工日	135.00	6.25	7.50	10.00	12.50	15.00	17.50	22.50
材料	法兰闸	个		(1)	(1)	(1)	(1)	(1)	(1)	(1)
	铸铁承盘短管	个		1×573.39	1×853.00	1×1429.45	1×1937.46	1×2470.51	1×3003.57	1×4674.51
	铸铁加长插盘短管	个		1×840.60	1×1054.18	1×1601.86	1×2150.18	1×2634.05	1×3118.94	1×4336.50
	带帽螺栓	套		24.48×4.03	32.64×4.03	32.64×11.48	40.80×11.48	40.80×12.20	48.96×12.20	57.12×12.20
	橡胶板	kg	10.31	1.884	2.660	6.090	6.510	8.690	12.440	16.040
	氧气 $6m^3$	m^3	2.88	0.57	0.69	0.81	0.90	1.00	1.12	1.22
	乙炔气 5.5～6.5kg	m^3	16.13	0.57	0.69	0.80	0.88	1.00	1.11	1.22
	接口材料费	元		88.95	109.62	131.35	154.45	178.71	231.59	292.54
	零星材料费	元		17.92	22.85	24.09	25.45	27.24	29.03	32.19
机械	汽车式起重机 10t	台班	838.68	0.50						
	汽车式起重机 20t	台班	1043.80		0.50	0.50	0.50	1.00	1.00	1.00
	长材运输车 8t	台班	667.41	0.03	0.03	0.04	0.06	0.06	0.13	0.13

3.蝶 阀 安 装

工作内容：切管，焊接法兰盘、法兰连接、制垫加垫，安装蝶阀，挖还耳子。 **单位：**个

编号				1-311	1-312	1-313
项目				给水管道蝶阀安装		
				$DN1400$	$DN1600$	$DN1800$
预算基价	总价(元)			**12857.89**	**14372.76**	**15024.00**
	人工费(元)			3712.50	3712.50	3712.50
	材料费(元)			7565.87	9054.35	9679.20
	机械费(元)			1579.52	1605.91	1632.30
组成内容		单位	单价	数量		
人工	综合工	工日	135.00	27.50	27.50	27.50
材料	蝶阀	个		(1)	(1)	(1)
	钢法兰盘	个		2×3152.32	2×3818.79	2×4105.20
	带帽螺栓	套		73.44×11.48	81.60×11.48	89.76×10.31
	螺母	个		4.2×2.37	4.2×2.37	4.2×2.97
	垫圈	个		4.2×0.33	4.2×0.33	4.2×0.35
	橡胶板	kg	10.31	18.72	21.40	24.08
	电焊条	kg	7.59	17.948	20.512	23.105
	氧气 $6m^3$	m^3	2.88	2.282	2.868	3.277
	乙炔气 5.5～6.5kg	m^3	16.13	1.14	1.44	1.69
	零星材料费	元		52.61	60.85	69.10
机械	汽车式起重机 20t	台班	1043.80	1.0	1.0	1.0
	电焊机 30kV·A	台班	87.97	4.80	5.10	5.40
	长材运输车 8t	台班	667.41	0.17	0.17	0.17

4. 人字柔口安装

工作内容： 校正管道，切管，安装柔口，上套环、胶圈、边圈，紧螺栓，外包塑料布，挖还耳子。 **单位：** 个

编号				1-314	1-315	1-316	1-317	1-318
项目				给水管道人字柔口安装				
				*DN*800	*DN*900	*DN*1000	*DN*1200	*DN*1350
预算基价	总价(元)			**1107.28**	**1228.51**	**1452.74**	**1681.29**	**1845.92**
	人工费(元)			877.50	996.30	1111.05	1336.50	1485.00
	材料费(元)			15.68	17.44	19.21	20.97	25.09
	机械费(元)			214.10	214.77	322.48	323.82	335.83
组成内容		单位	单价	数量				
人工	综合工	工日	135.00	6.50	7.38	8.23	9.90	11.00
材料	人字柔口	个		(1)	(1)	(1)	(1)	(1)
	塑料布 0.25	m^2	1.96	8.0	8.9	9.8	10.7	12.8
机械	汽车式起重机 20t	台班	1043.80	0.2	0.2	0.3	0.3	0.3
	长材运输车 8t	台班	667.41	0.008	0.009	0.014	0.016	0.034

5.测流孔、放气孔安装

工作内容：画线找中、安装卡子、安装铜门心、钻眼、安装管堵、挖还耳子。 **单位：**个

编号				1-319	1-320	1-321	1-322	1-323	1-324
项目				给水管道测流孔、放气孔安装D50（卡子）					
				铸铁管					
				DN300	DN350	DN400	DN450	DN500	DN600
预算基价	总价(元)			**185.04**	**185.04**	**185.04**	**195.51**	**198.97**	**242.77**
	人工费(元)			160.65	160.65	160.65	168.75	135.00	160.65
	材料费(元)			24.39	24.39	24.39	26.76	26.76	26.76
	机械费(元)							37.21	55.36
组成内容		**单位**	**单价**	**数量**					
人工	综合工	工日	135.00	1.19	1.19	1.19	1.25	1.00	1.19
材料	铜门心	个		(1)	(1)	(1)	(1)	(1)	(1)
	铸铁卡子	个		(1)	(1)	(1)	(1)	(1)	(1)
	玛铁管堵 DN50	个	3.40	1	1	1	1	1	1
	带帽螺栓 M24×150	套	4.34	4.08	4.08	4.08	4.08	4.08	4.08
	橡胶板	kg	10.31	0.18	0.18	0.18	0.41	0.41	0.41
	零星材料费	元		1.43	1.43	1.43	1.43	1.43	1.43
机械	汽车式起重机 10t	台班	838.68					0.038	
	汽车式起重机 20t	台班	1043.80						0.046
	长材运输车 8t	台班	667.41					0.008	0.011

工作内容：画线找中、安装卡子、安装铜门心、钻眼、安装管堵、挖还耳子。

单位：个

编号				1-325	1-326	1-327	1-328	1-329
项目				给水管道测流孔、放气孔安装*D*50（卡子）				
				铸铁管				
				*DN*700	*DN*800	*DN*900	*DN*1000	*DN*1200
预算基价	总价（元）			**250.40**	**278.62**	**284.13**	**346.69**	**346.69**
	人工费（元）			160.65	168.75	168.75	186.30	186.30
	材料费（元）			29.55	29.55	29.55	30.89	30.89
	机械费（元）			60.20	80.32	85.83	129.50	129.50
组成内容		**单位**	**单价**	**数量**				
人工	综合工	工日	135.00	1.19	1.25	1.25	1.38	1.38
材料	铜门心	个		(1)	(1)	(1)	(1)	(1)
	铸铁卡子	个		(1)	(1)	(1)	(1)	(1)
	玛铁管堵 *DN*50	个	3.40	1	1	1	1	1
	带帽螺栓 M24×150	套	4.34	4.08	4.08	4.08	4.08	4.08
	橡胶板	kg	10.31	0.68	0.68	0.68	0.81	0.81
	零星材料费	元		1.43	1.43	1.43	1.43	1.43
机械	汽车式起重机 20t	台班	1043.80	0.050	0.068	0.072	0.110	0.110
	长材运输车 8t	台班	667.41	0.012	0.014	0.016	0.022	0.022

6.放气孔法兰连接

工作内容： 钢管包括安装蝶阀、双盘短管、法兰堵板，挖还耳子，如系现场焊接安装法兰盘的还包括切管和焊接法兰盘。铸铁管包括安装丁字管，打口，安装蝶阀、钢双盘短管、法兰堵板，挖还耳子。

单位： 个

编号				1-330	1-331	1-332	1-333
项目				给水管道放气孔安装			
				D100	D200	D100	D200
				接装成品单盘丁字管		现场焊接安装法兰盘	
				在钢管上用法兰连接			
预算基价	总价(元)			**324.66**	**864.32**	**401.97**	**1057.93**
	人工费(元)			40.50	71.55	54.00	108.00
	材料费(元)			284.16	792.77	334.77	920.02
	机械费(元)					13.20	29.91
组成内容		单位	单价	数量			
人工	综合工	工日	135.00	0.30	0.53	0.40	0.80
材料	蝶阀	个		(1)	(1)	(1)	(1)
	钢双盘短管	个		1×200.91	1×583.73	1×200.91	1×583.73
	钢法兰堵板	个		1×66.51	1×183.52	1×66.51	1×183.52
	带帽螺栓 M16×75	套	1.46	4.08	8.16	4.08	8.16
	带帽螺栓 M16×130	套	1.60	4.08	4.08	4.08	4.08
	橡胶板	kg	10.31	0.149	0.286	0.149	0.286
	钢法兰盘	个				1.0×48.19	1.0×119.54
	电焊条	kg	7.59			0.236	0.816
	氧气 6m^3	m^3	2.88			0.050	0.133
	乙炔气 5.5~6.5kg	m^3	16.13			0.03	0.07
	零星材料费	元		2.72	4.13	2.72	4.13
机械	电焊机 30kV•A	台班	87.97			0.15	0.34

工作内容： 钢管包括安装蝶阀、双盘短管、法兰堵板，挖还耳子，如系现场焊接安装法兰盘的还包括切管和焊接法兰盘。铸铁管包括安装丁字管，打口，安装蝶阀、钢双盘短管、法兰堵板，挖还耳子。

单位： 个

编号				1-334	1-335	1-336	1-337	1-338
项目				给水管道放气孔安装 D100				
				法兰连接				
				铸铁管				
				DN700	DN800	DN900	DN1000	DN1200
预算基价	总价(元)			**1206.45**	**1419.97**	**1537.01**	**1804.43**	**2457.39**
	人工费(元)			715.50	884.25	969.30	1138.05	1728.00
	材料费(元)			430.75	455.40	481.88	536.88	599.89
	机械费(元)			60.20	80.32	85.83	129.50	129.50
组成内容		**单位**	**单价**	**数量**				
人工	综合工	工日	135.00	5.30	6.55	7.18	8.43	12.80
材料	铸铁承插单盘丁字管	个		(1)	(1)	(1)	(1)	(1)
	蝶阀	个		(1)	(1)	(1)	(1)	(1)
	钢双盘短管 DN100	个	200.91	1	1	1	1	1
	钢法兰堵板 DN100	个	66.51	1	1	1	1	1
	带帽螺栓 M16×75	套	1.46	4.08	4.08	4.08	4.08	4.08
	带帽螺栓 M16×130	套	1.60	4.08	4.08	4.08	4.08	4.08
	橡胶板	kg	10.31	0.149	0.149	0.149	0.149	0.149
	氧气 6m³	m³	2.88	0.81	0.90	1.00	1.12	1.22
	乙炔气 5.5～6.5kg	m³	16.13	0.80	0.88	1.00	1.11	1.22
	接口材料费	元		131.35	154.45	178.71	231.59	292.54
	零星材料费	元		2.72	2.72	2.72	2.72	2.72
机械	汽车式起重机 20t	台班	1043.80	0.050	0.068	0.072	0.110	0.110
	长材运输车 8t	台班	667.41	0.012	0.014	0.016	0.022	0.022

7.人孔、人孔放气孔安装

工作内容： 安装蝶阀、双盘短管、法兰堵板，挖还耳子；如现场焊接安装法兰盘另包括切管和焊接法兰盘。 **单位：** 个

编号				1-339	1-340	1-341	1-342
项目				给水管道人孔放气孔安装 *D*600			
				钢管			
				接装成品单盘丁字管			
				不带放气孔	放气孔直径		
					*D*100	*D*150	*D*200
预算基价	总价(元)			**1596.71**	**1815.51**	**2276.69**	**2785.00**
	人工费(元)			74.25	116.10	132.30	148.50
	材料费(元)			1522.46	1699.41	2144.39	2636.50
组成内容		单位	单价	数量			
人工	综合工	工日	135.00	0.55	0.86	0.98	1.10
材料	蝶阀	个			(1)	(1)	(1)
	钢法兰堵板	个		1×1437.53	1×66.51	1×113.42	1×183.52
	橡胶板	kg	10.31	1.330	1.479	1.545	1.616
	带帽螺栓 M16×75	套	1.46		4.08	4.08	4.08
	带帽螺栓 M16×130	套	1.60		4.08	4.08	4.08
	带帽螺栓 M24×100	套	4.03	16.32	16.32	16.32	16.32
	钢双盘短管	个			1×200.91	1×298.65	1×583.73
	钢异径双盘短管	个			1×1330.35	1×1629.00	1×1764.75
	零星材料费	元		5.45	8.14	9.14	9.58

工作内容： 安装蝶阀、双盘短管、法兰堵板，挖还耳子；如现场焊接安装法兰盘另包括切管和焊接法兰盘。 **单位：** 个

编号				1-343	1-344	1-345	1-346
项目				给水管道人孔放气孔安装 $D600$			
				钢管			
				现场焊接安装法兰盘			
				不带放气孔	放气孔直径		
					$D100$	$D150$	$D200$
预算基价	总价(元)			**2926.67**	**3145.47**	**3605.30**	**4114.94**
	人工费(元)			186.30	228.15	243.00	260.55
	材料费(元)			2667.35	2844.30	3289.28	3781.37
	机械费(元)			73.02	73.02	73.02	73.02
组成内容		**单位**	**单价**	**数量**			
人工	综合工	工日	135.00	1.38	1.69	1.80	1.93
材料	蝶阀	个			(1)	(1)	(1)
	钢法兰盘 $DN600$	个	1109.10	1	1	1	1
	钢法兰堵板	个		1×1437.53	1×66.51	1×113.42	1×183.52
	橡胶板	kg	10.31	1.330	1.479	1.545	1.616
	电焊条	kg	7.59	3.96	3.96	3.96	3.96
	氧气 $6m^3$	m^3	2.88	0.435	0.435	0.435	0.435
	乙炔气 5.5～6.5kg	m^3	16.13	0.22	0.22	0.22	0.22
	带帽螺栓 M16×75	套	1.46		4.08	4.08	4.08
	带帽螺栓 M16×130	套	1.60		4.08	4.08	4.08
	带帽螺栓 M24×100	套	4.03	16.32	16.32	16.32	16.32
	钢双盘短管	个			1×200.91	1×298.65	1×583.73
	钢异径双盘短管	个			1×1330.35	1×1629.00	1×1764.75
	零星材料费	元		6.38	9.07	10.07	10.50
机械	电焊机 30kV·A	台班	87.97	0.83	0.83	0.83	0.83

工作内容：安装丁字管，打口，人孔盖的法兰连接，挖还耳子。　　　　**单位：**个

编号				1-347	1-348	1-349	1-350
项目				给水管道人孔安装			
				*D*500		*D*600	
				铸铁管			
				*DN*1000	*DN*1200	*DN*1000	*DN*1200
预算基价	总价(元)			**1995.98**	**2656.84**	**2179.42**	**2840.28**
	人工费(元)			1282.50	1873.80	1316.25	1907.55
	材料费(元)			562.52	625.53	712.21	775.22
	机械费(元)			150.96	157.51	150.96	157.51
组成内容		**单位**	**单价**	**数量**			
人工	综合工	工日	135.00	9.50	13.88	9.75	14.13
材料	铸铁承插单盘丁字管	个		(1)	(1)	(1)	(1)
	铸铁盲法兰盘	个		1×250.25	1×250.25	1×375.37	1×375.37
	带帽螺栓 M24×100	套	4.03	12.24	12.24	16.32	16.32
	橡胶板	kg	10.31	0.942	0.942	1.330	1.330
	氧气 6m^3	m^3	2.88	1.12	1.22	1.12	1.22
	乙炔气 5.5～6.5kg	m^3	16.13	1.11	1.22	1.11	1.22
	接口材料费	元		231.59	292.54	231.59	292.54
	零星材料费	元		0.51	0.51	4.64	4.64
机械	汽车式起重机 20t	台班	1043.80	0.128	0.133	0.128	0.133
	长材运输车 8t	台班	667.41	0.026	0.028	0.026	0.028

8. 泄水口安装

工作内容： 1. 钢管包括安装法兰闸、法兰堵板，挖还耳子，如现场焊接安装法兰盘另包括切管和焊接法兰盘。2. 铸铁管包括安装短管，打口，安装法兰闸、盲法兰盘、掳杆，挖还耳子。

单位： 个

编号				1-351	1-352	1-353
项目				给水管道泄水口安装		
				钢管		铸铁管
				接装成品单盘泄水管	现场焊接安装法兰盘	
预算基价	总价(元)			**1419.76**	**1780.25**	**1649.74**
	人工费(元)			679.05	611.55	681.75
	材料费(元)			599.85	981.21	827.13
	机械费(元)			140.86	187.49	140.86
组成内容		**单位**	**单价**	**数量**		
人工	综合工	工日	135.00	5.03	4.53	5.05
材料	法兰闸	个		(1)	(1)	(1)
	钢法兰堵板 *DN*300	个	528.40	1	1	
	带帽螺栓 M20×95	套	2.59	20.4	20.4	20.4
	橡胶板	kg	10.31	0.912	0.912	0.912
	钢法兰盘 *DN*300	个	365.92		1	
	电焊条	kg	7.59		1.698	
	氧气 6m³	m³	2.88		0.197	0.120
	乙炔气 5.5~6.5kg	m³	16.13		0.10	0.12
	铸铁加长插盘短管 *DN*300	个	366.81			1
	铸铁盲法兰盘 *DN*300	个	101.06			1
	钢卡子 *DN*300	个	25.68			1
	钢挡板 *DN*300	个	118.34			1
	带帽螺栓 M30×140	套	12.20			2.04
	带帽掳杆螺栓 M30×1480	套	48.13			2
	接口材料费	元				21.54
	零星材料费	元		9.21	9.58	8.03
机械	汽车式起重机 10t	台班	838.68	0.16	0.16	0.16
	长材运输车 8t	台班	667.41	0.01	0.01	0.01
	电焊机 30kV·A	台班	87.97		0.53	

9.消火栓安装

工作内容： 消火栓安装，混凝土预制板安装砌砖，回填砂子、石子。 **单位：** 个

	编　　号			1-354
	项　　目			消火栓安装
预算基价	总　　价(元)			**597.64**
	人　工　费(元)			297.00
	材　料　费(元)			36.82
	机　械　费(元)			263.82
组 成 内 容		**单位**	**单价**	**数　　量**
人工	综合工	工日	135.00	2.20
材料	消火栓	个		(1)
	预制混凝土板	块		(1)
	机砖	千块	441.10	0.023
	碴石 2～4	t	85.12	0.103
	水	m^3	7.62	0.020
	水泥 42.5级	t	398.99	0.004
	粗砂	t	86.63	0.138
	零星材料费	元		4.20
机械	灰浆搅拌机 200L	台班	208.76	0.003
	汽车式起重机 8t	台班	767.15	0.333
	安装吊车（综合）	台班	1288.68	0.006

10.水 表 安 装

工作内容：切管、套丝、制垫加垫、安装。

单位：套

编号				1-355	1-356	1-357	1-358	1-359
项目				水表安装				
				给水管道公称直径(mm)				
				*DN*20	*DN*25	*DN*32	*DN*40	*DN*50
预算基价	总价(元)			**164.42**	**204.48**	**251.96**	**333.41**	**403.40**
	人工费(元)			145.80	180.90	221.40	294.30	355.05
	材料费(元)			18.62	23.58	30.56	39.11	48.35
组成内容		**单位**	**单价**	**数量**				
人工	综合工	工日	135.00	1.08	1.34	1.64	2.18	2.63
材料	水表	个		(1)	(1)	(1)	(1)	(1)
	阀门	个		(2)	(2)	(2)	(2)	(2)
	水嘴 *DN*15	个	7.28	1	1	1	1	1
	镀锌内接头	个		2×1.07	2×1.70	2×3.04	2×3.22	2×4.66
	镀锌异径外接头	个		2×3.13	2×4.48	2×5.55	2×8.95	2×10.74
	镀锌三通	个		1×2.05	1×3.05	1×5.08	1×6.06	1×8.84
	零星材料费	元		0.89	0.89	1.02	1.43	1.43

11.法兰盘焊接

工作内容：切管、找正、焊接。

单位：个

编号					1-360	1-361	1-362	1-363	1-364	1-365	1-366
项目					给水管道法兰盘焊接						
					*DN*50	*DN*75	*DN*100	*DN*125	*DN*150	*DN*200	*DN*250
预算基价	总价(元)				**17.81**	**26.86**	**29.12**	**39.82**	**40.46**	**75.42**	**87.71**
	人工费(元)				8.10	13.50	13.50	20.25	20.25	37.80	37.80
	材料费(元)				0.91	1.92	2.42	2.86	3.50	7.71	12.96
	机械费(元)				8.80	11.44	13.20	16.71	16.71	29.91	36.95
组成内容		**单位**	**单价**		**数量**						
人工	综合工	工日	135.00		0.06	0.10	0.10	0.15	0.15	0.28	0.28
材料	钢法兰盘	个			(1)	(1)	(1)	(1)	(1)	(1)	(1)
	电焊条	kg	7.59		0.090	0.196	0.236	0.290	0.346	0.816	1.426
	氧气 6m³	m³	2.88		0.024	0.039	0.050	0.062	0.081	0.133	0.165
	乙炔气 5.5～6.5kg	m³	16.13		0.01	0.02	0.03	0.03	0.04	0.07	0.08
	零星材料费	元									0.37
机械	电焊机 30kV·A	台班	87.97		0.10	0.13	0.15	0.19	0.19	0.34	0.42

工作内容：切管、找正、焊接。

单位：个

编号				1-367	1-368	1-369	1-370	1-371	1-372	1-373
项目				给水管道法兰盘焊接						
				*DN*300	*DN*350	*DN*400	*DN*450	*DN*500	*DN*600	*DN*700
预算基价	总价(元)			**129.56**	**144.57**	**159.91**	**170.40**	**178.51**	**220.86**	**295.36**
	人工费(元)			67.50	67.50	79.65	79.65	85.05	112.05	148.50
	材料费(元)			15.44	20.77	23.96	27.41	30.12	35.79	41.30
	机械费(元)			46.62	56.30	56.30	63.34	63.34	73.02	105.56
组成内容		**单位**	**单价**	**数量**						
人工	综合工	工日	135.00	0.50	0.50	0.59	0.59	0.63	0.83	1.10
材料	钢法兰盘	个		(1)	(1)	(1)	(1)	(1)	(1)	(1)
	电焊条	kg	7.59	1.698	2.368	2.678	3.002	3.324	3.960	4.524
	氧气 6m³	m³	2.88	0.197	0.228	0.294	0.330	0.366	0.435	0.546
	乙炔气 5.5~6.5kg	m³	16.13	0.10	0.11	0.15	0.17	0.18	0.22	0.27
	零星材料费	元		0.37	0.37	0.37	0.93	0.93	0.93	1.04
机械	电焊机 30kV·A	台班	87.97	0.53	0.64	0.64	0.72	0.72	0.83	1.20

工作内容：切管、找正、焊接。　　　　**单位：**个

编号				1-374	1-375	1-376	1-377	1-378	1-379	1-380
项目				给水管道法兰盘焊接						
				DN800	DN900	DN1000	DN1200	DN1400	DN1600	DN1800
预算基价	总价(元)			**347.44**	**425.85**	**498.86**	**639.91**	**725.79**	**813.02**	**890.35**
	人工费(元)			174.15	233.55	287.55	371.25	432.00	492.75	544.05
	材料费(元)			47.49	53.31	59.12	70.73	82.66	95.95	108.78
	机械费(元)			125.80	138.99	152.19	197.93	211.13	224.32	237.52
组成内容		**单位**	**单价**	**数量**						
人工	综合工	工日	135.00	1.29	1.73	2.13	2.75	3.20	3.65	4.03
材料	钢法兰盘	个		(1)	(1)	(1)	(1)	(1)	(1)	(1)
	电焊条	kg	7.59	5.150	5.782	6.410	7.670	8.974	10.256	11.552
	氧气 $6m^3$	m^3	2.88	0.659	0.740	0.820	0.980	1.141	1.434	1.638
	乙炔气 5.5～6.5kg	m^3	16.13	0.33	0.37	0.41	0.49	0.57	0.72	0.85
	零星材料费	元		1.18	1.33	1.49	1.79	2.07	2.36	2.67
机械	电焊机 30kV·A	台班	87.97	1.43	1.58	1.73	2.25	2.40	2.55	2.70

12.法兰盘连接

工作内容：制垫加垫、紧螺栓、挖还耳子。

单位：副

编号				1-381	1-382	1-383	1-384	1-385	1-386	1-387
项目				给水管道法兰盘连接						
				DN50	DN75	DN100	DN150	DN200	DN250	DN300
预算基价	总价(元)			**18.48**	**19.07**	**19.64**	**26.51**	**35.83**	**45.92**	**67.44**
	人工费(元)			10.80	10.80	10.80	13.50	18.90	18.90	33.75
	材料费(元)			7.68	8.27	8.84	13.01	16.93	27.02	33.69
组成内容		**单位**	**单价**	**数量**						
人工	综合工	工日	135.00	0.08	0.08	0.08	0.10	0.14	0.14	0.25
材料	带帽螺栓	套		4.08×1.46	4.08×1.46	4.08×1.46	6.12×1.46	8.16×1.46	8.16×2.59	10.20×2.59
	橡胶板	kg	10.31	0.081	0.114	0.149	0.215	0.286	0.361	0.456
	零星材料费	元		0.89	1.14	1.35	1.86	2.07	2.16	2.57

工作内容：制垫加垫、紧螺栓、挖还耳子。　　**单位：**副

编号				1-388	1-389	1-390	1-391	1-392	1-393	1-394
项目				给水管道法兰盘连接						
				*DN*350	*DN*400	*DN*450	*DN*500	*DN*600	*DN*700	*DN*800
预算基价	总价(元)			**77.74**	**111.59**	**120.25**	**128.79**	**159.18**	**310.10**	**380.80**
	人工费(元)			33.75	59.40	59.40	64.80	74.25	85.05	105.30
	材料费(元)			43.99	52.19	60.85	63.99	84.93	225.05	275.50
组成内容		**单位**	**单价**	**数量**						
人工	综合工	工日	135.00	0.25	0.44	0.44	0.48	0.55	0.63	0.78
材料	带帽螺栓	套		10.20×3.42	12.24×3.42	12.24×4.03	12.24×4.03	16.32×4.03	16.32×11.48	20.40×11.48
	橡胶板	kg	10.31	0.602	0.702	0.806	0.942	1.330	3.045	3.255
	零星材料费	元		2.90	3.09	3.21	4.95	5.45	6.30	7.75

工作内容：制垫加垫、紧螺栓、挖还耳子。

单位：副

编号				1-395	1-396	1-397	1-398	1-399	1-400
项目				给水管道法兰盘连接					
				*DN*900	*DN*1000	*DN*1200	*DN*1400	*DN*1600	*DN*1800
预算基价	总价(元)			**441.75**	**550.32**	**657.95**	**796.42**	**919.41**	**1049.25**
	人工费(元)			139.05	176.85	213.30	261.90	321.30	440.10
	材料费(元)			302.70	373.47	444.65	534.52	598.11	609.15
组成内容		**单位**	**单价**	**数量**					
人工	综合工	工日	135.00	1.03	1.31	1.58	1.94	2.38	3.26
材料	带帽螺栓	套		20.40×12.20	24.48×12.20	28.56×12.20	36.72×11.48	40.80×11.48	44.88×10.31
	橡胶板	kg	10.31	4.345	6.220	8.020	9.360	10.700	12.040
	零星材料费	元		9.02	10.69	13.53	16.47	19.41	22.30

13.弯管捞杆安装

工作内容：安装卡箍、拉杆，紧螺栓。 **单位：**套

编号				1-401	1-402	1-403	1-404	1-405	1-406
项目				给水管道弯管捞杆安装					
				$DN400\times45^{\circ}$	$DN400\times90^{\circ}$	$DN500\times45^{\circ}$	$DN500\times90^{\circ}$	$DN600\times45^{\circ}$	$DN600\times90^{\circ}$
预算基价	总价(元)			**349.96**	**349.96**	**375.68**	**393.09**	**412.73**	**460.40**
	人工费(元)			59.40	59.40	64.80	64.80	74.25	74.25
	材料费(元)			290.56	290.56	310.88	328.29	338.48	386.15
组成内容		**单位**	**单价**	**数量**					
人工	综合工	工日	135.00	0.44	0.44	0.48	0.48	0.55	0.55
材料	钢卡箍	套		2×125.49	2×125.49	2×135.65	2×135.65	2×149.45	2×164.58
	带帽螺栓	套		8.16×2.64	8.16×2.64	8.16×2.64	8.16×4.17	8.16×2.64	8.16×4.17
	带帽捞杆螺栓	套		2×9.02	2×9.02	2×9.02	2×11.48	2×9.02	2×11.48

14.管堵捞杆安装

工作内容：安装卡子、挡板，紧螺栓。

单位：套

编号				1-407	1-408	1-409
项目				给水管道管堵捞杆安装		
				*DN*300	*DN*400	*DN*500
预算基价	总价(元)			**236.12**	**282.54**	**309.68**
	人工费(元)			33.75	59.40	64.80
	材料费(元)			202.37	223.14	244.88
组成内容		单位	单价	数量		
人工	综合工	工日	135.00	0.25	0.44	0.48
材料	钢卡子	个		1×25.68	1×29.43	1×33.17
	钢挡板	个		1×118.34	1×135.36	1×153.36
	带帽螺栓 M30×140	套	12.20	2.04	2.04	2.04
	带帽捞杆螺栓 M30×510	套	16.73	2	2	2

15.阀门解体检查

工作内容：解体、检查、清洗、水压试验。

单位：个

编号				1-410	1-411	1-412	1-413	1-414	1-415	1-416
项目				阀门解体检查						
				*DN*50以内	*DN*100以内	*DN*150以内	*DN*200以内	*DN*300以内	*DN*400以内	*DN*500以内
预算基价	总价(元)			**32.53**	**56.39**	**74.41**	**117.64**	**181.60**	**398.69**	**556.11**
	人工费(元)			25.65	47.25	63.45	105.30	166.05	378.00	529.20
	材料费(元)			3.74	4.76	5.33	6.71	9.17	13.06	18.53
	机械费(元)			3.14	4.38	5.63	5.63	6.38	7.63	8.38
组成内容		单位	单价	数量						
人工	综合工	工日	135.00	0.190	0.350	0.470	0.780	1.230	2.800	3.920
材料	冷拔无缝钢管 *D*22×2.5	m	6.23	0.04	0.04	0.04	0.04	0.04	0.04	0.04
	胶管 *D*25	m	27.86	0.01	0.01	0.01	0.01	0.01	0.01	0.01
	截止阀 J11T-16 *DN*15	个	18.18	0.01	0.01	0.01	0.01	0.01	0.01	0.01
	钢板(中厚)	t	3876.58	0.00002	0.00003	0.00005	0.00007	0.00013	0.00021	0.00031
	电焊条	kg	7.59	0.014	0.014	0.014	0.014	0.014	0.014	0.014
	气焊条	kg	7.33	0.01	0.01	0.01	0.01	0.01	0.01	0.01
	氧气 6m^3	m^3	2.88	0.02	0.02	0.02	0.02	0.02	0.02	0.02
	乙炔气 5.5～6.5kg	m^3	16.13	0.02	0.02	0.02	0.02	0.02	0.02	0.02
	石棉橡胶板	kg	33.70	0.006	0.009	0.016	0.023	0.038	0.070	0.096
	石棉盘根	kg	31.14	0.056	0.080	0.080	0.107	0.127	0.161	0.267
	水	m^3	7.62	0.018	0.030	0.054	0.084	0.215	0.405	0.510
	零星材料费	元		0.31	0.35	0.42	0.42	0.52	0.52	0.62
机械	电焊机 30kV•A	台班	87.97	0.03	0.03	0.03	0.03	0.03	0.03	0.03
	试压泵 60MPa	台班	24.94	0.02	0.07	0.12	0.12	0.15	0.20	0.23

工作内容：解体、检查、清洗、水压试验。

单位：个

	编号			1-417	1-418	1-419	1-420	1-421	1-422	1-423
	项目			阀门解体检查						
				*DN*600以内	*DN*800以内	*DN*1000以内	*DN*1200以内	*DN*1400以内	*DN*1600以内	*DN*1800以内
预算基价	总价(元)			**980.81**	**1366.76**	**2455.39**	**3072.02**	**3082.24**	**3400.55**	**3721.70**
	人工费(元)			529.20	907.20	1360.80	1965.60	1965.60	2268.00	2570.40
	材料费(元)			23.65	30.85	41.17	52.50	62.72	78.63	97.38
	机械费(元)			427.96	428.71	1053.42	1053.92	1053.92	1053.92	1053.92
	组成内容	**单位**	**单价**	**数量**						
人工	综合工	工日	135.00	3.920	6.720	10.080	14.560	14.560	16.800	19.040
材料	冷拔无缝钢管 *D*22×2.5	m	6.23	0.04	0.04	0.04	0.04	0.04	0.04	0.04
	胶管 *D*25	m	27.86	0.01	0.01	0.01	0.01	0.01	0.01	0.01
	截止阀 J11T-16 *DN*15	个	18.18	0.01	0.01	0.01	0.01	0.01	0.01	0.01
	钢板(中厚)	t	3876.58	0.00067	0.00094	0.00140	0.00190	0.00350	0.00440	0.00520
	电焊条	kg	7.59	0.014	0.014	0.014	0.014	0.014	0.014	0.014
	气焊条	kg	7.33	0.01	0.01	0.01	0.01	0.01	0.01	0.01
	氧气 6m^3	m^3	2.88	0.02	0.02	0.02	0.02	0.02	0.02	0.02
	乙炔气 5.5~6.5kg	m^3	16.13	0.02	0.02	0.02	0.02	0.02	0.02	0.02
	石棉橡胶板	kg	33.70	0.138	0.188					
	石棉盘根	kg	31.14	0.288	0.300					
	水	m^3	7.62	0.728	1.249	2.102	3.097	3.393	4.805	6.630
	橡胶板	kg	10.31			0.373	0.481	0.562	0.642	0.722
	油麻盘根	kg	30.16			0.455	0.475	0.495	0.520	0.545
	零星材料费	元		0.62	0.74	0.89	0.98	1.30	1.39	1.55
机械	汽车式起重机 10t	台班	838.68	0.50	0.50					
	汽车式起重机 20t	台班	1043.80			1.00	1.00	1.00	1.00	1.00
	电焊机 30kV·A	台班	87.97	0.03	0.03	0.03	0.03	0.03	0.03	0.03
	试压泵 60MPa	台班	24.94	0.24	0.27	0.28	0.30	0.30	0.30	0.30

16.带 水 接 头

工作内容：给水管道带水接头增加人工机械（新旧管连接）。 **单位：**处

编 号				1-424	1-425	1-426	1-427
项 目				给水管道带水接头增加人工机械（新旧管连接）			
				*DN*300～500	*DN*600～900	*DN*1000～1500	*DN*1600～2200
预算基价	总 价(元)			**405.00**	**692.40**	**1384.80**	**2094.60**
	人 工 费(元)			405.00	675.00	1350.00	2025.00
	机 械 费(元)				17.40	34.80	69.60
组 成 内 容		**单位**	**单价**	**数 量**			
人工	综合工	工日	135.00	3.00	5.00	10.00	15.00
机械	电动单级离心清水泵 100mm	台班	34.80		0.5	1.0	2.0

17. 塑料管件安装(粘接)

工作内容: 切管、坡口、清理工作面、管件安装。 **单位:** 个

编号				1-428	1-429	1-430	1-431	1-432	1-433	1-434	1-435
项目				给水管道塑料管管件安装							
				粘接							
				D25	D32	D50	D75	D110	D125	D140	D160
预算基价	总价(元)			**4.40**	**5.88**	**11.49**	**17.31**	**25.92**	**30.30**	**35.84**	**38.74**
	人工费(元)			4.05	5.40	10.80	16.20	24.30	28.35	33.75	36.45
	材料费(元)			0.35	0.48	0.69	1.03	1.54	1.87	2.01	2.18
	机械费(元)						0.08	0.08	0.08	0.08	0.11
组成内容		**单位**	**单价**	**数量**							
人工	综合工	工日	135.00	0.03	0.04	0.08	0.12	0.18	0.21	0.25	0.27
材料	塑料管件	个		(1)	(1)	(1)	(1)	(1)	(1)	(1)	(1)
	丙酮	kg	9.89	0.006	0.007	0.012	0.018	0.038	0.043	0.047	0.055
	胶粘剂	kg	24.23	0.004	0.005	0.008	0.012	0.025	0.029	0.033	0.037
	钢锯条	根	0.34	0.02	0.02	0.03					
	砂布	张	0.93	0.20	0.30	0.40	0.60	0.60	0.80	0.80	0.80
机械	木工圆锯机 500mm	台班	26.53				0.003	0.003	0.003	0.003	0.004

18.塑料管件安装（胶圈接口）

工作内容：切管、坡口、清理工作面、管件安装、上胶圈。 **单位：**个

编号				1-436	1-437	1-438	1-439	1-440	1-441	1-442	1-443
项目				给水管道塑料管管件安装							
				胶圈接口							
				*D*90	*D*125	*D*160	*D*250	*D*315	*D*355	*D*400	*D*500
预算基价	总价(元)			**41.24**	**46.28**	**53.55**	**79.56**	**91.42**	**111.70**	**126.32**	**147.29**
	人工费(元)			21.60	25.65	32.40	55.35	66.15	79.65	87.75	101.25
	材料费(元)			19.56	20.55	21.04	24.08	25.11	31.89	38.38	45.77
	机械费(元)			0.08	0.08	0.11	0.13	0.16	0.16	0.19	0.27
组成内容		**单位**	**单价**	**数量**							
人工	综合工	工日	135.00	0.16	0.19	0.24	0.41	0.49	0.59	0.65	0.75
材料	塑料管件	个		(1)	(1)	(1)	(1)	(1)	(1)	(1)	(1)
	橡胶圈	个		2.369×7.68	2.369×7.93	2.369×8.02	2.369×8.90	2.369×9.18	2.369×11.89	2.369×14.55	2.369×17.41
	润滑油	kg	11.21	0.072	0.091	0.116	0.162	0.184	0.208	0.208	0.254
	砂布	张	0.93	0.60	0.80	0.80	1.27	1.40	1.50	1.70	1.80
机械	木工圆锯机 500mm	台班	26.53	0.003	0.003	0.004	0.005	0.006	0.006	0.007	0.010

19.承插式预应力混凝土转换件安装

工作内容： 管件安装、接口、养护。　　　　**单位：** 个

编号				1-444	1-445	1-446	1-447	1-448	1-449
项目				给水管道预应力混凝土管转换件安装					
				石棉水泥接口					
				*DN*300	*DN*400	*DN*500	*DN*600	*DN*700	*DN*800
预算基价	总价(元)			**308.80**	**508.38**	**703.32**	**942.12**	**1064.67**	**1186.19**
	人工费(元)			280.94	476.96	659.61	843.75	946.35	1047.33
	材料费(元)			27.86	31.42	43.71	55.58	75.53	95.18
	机械费(元)						42.79	42.79	43.68
组成内容		单位	单价	数量					
人工	综合工	工日	135.00	2.081	3.533	4.886	6.250	7.010	7.758
材料	混凝土转换件	个		(1)	(1)	(1)	(1)	(1)	(1)
	普通硅酸盐水泥 32.5级	kg	0.35	3.432	3.861	5.346	6.842	9.262	11.693
	石棉绒	kg	12.32	1.363	1.527	2.132	2.716	3.690	4.654
	油麻	kg	16.48	0.599	0.683	0.945	1.197	1.628	2.048
机械	汽车式起重机 8t	台班	767.15				0.05	0.05	0.05
	载货汽车 5t	台班	443.55				0.010	0.010	0.012

工作内容： 管件安装、接口、养护。 **单位：** 个

编号				1-450	1-451	1-452	1-453	1-454	1-455
项目				给水管道预应力混凝土管转换件安装					
				石棉水泥接口					
				*DN*900	*DN*1000	*DN*1200	*DN*1400	*DN*1600	*DN*1800
预算基价	总价(元)			**1389.93**	**1590.79**	**2108.72**	**2617.85**	**3139.44**	**3661.06**
	人工费(元)			1201.77	1357.83	1764.99	2172.02	2579.31	2986.61
	材料费(元)			121.47	147.29	238.63	329.98	421.31	512.67
	机械费(元)			66.69	85.67	105.10	115.85	138.82	161.78
组成内容		单位	单价	数量					
人工	综合工	工日	135.00	8.902	10.058	13.074	16.089	19.106	22.123
材料	混凝土转换件	个		(1)	(1)	(1)	(1)	(1)	(1)
	普通硅酸盐水泥 32.5级	kg	0.35	14.894	18.095	29.315	40.535	51.755	62.975
	石棉绒	kg	12.32	5.925	7.185	11.654	16.123	20.592	25.061
	油麻	kg	16.48	2.625	3.182	5.145	7.109	9.072	11.036
机械	汽车式起重机 8t	台班	767.15	0.08					
	汽车式起重机 16t	台班	971.12		0.08	0.10			
	汽车式起重机 20t	台班	1043.80				0.10	0.12	0.14
	载货汽车 5t	台班	443.55	0.012	0.018	0.018			
	载货汽车 8t	台班	521.59				0.022	0.026	0.030

20.分水栓安装

工作内容：定位、开关阀门、开孔、接驳、通水试验。　　　　**单位：**个

编号				1-456	1-457	1-458	1-459	1-460
项目				给水管道分水栓安装				
				*DN*20	*DN*25	*DN*32	*DN*40	*DN*50
预算基价	总价(元)			**157.96**	**285.95**	**322.41**	**364.11**	**416.33**
	人工费(元)			146.75	269.19	298.89	331.56	373.28
	材料费(元)			11.21	16.76	23.52	32.55	43.05
组成内容		单位	单价	数量				
人工	综合工	工日	135.00	1.087	1.994	2.214	2.456	2.765
材料	镀锌弯头	个		1.01×1.54	1.01×2.24	1.01×3.42	1.01×4.40	1.01×6.74
	镀锌月弯	个		1.01×3.13	1.01×4.92	1.01×5.82	1.01×9.85	1.01×10.74
	镀锌管堵	个		1.01×0.81	1.01×1.16	1.01×1.34	1.01×2.06	1.01×3.40
	镀锌活接头	个		1.01×3.37	1.01×4.71	1.01×6.40	1.01×9.16	1.01×12.00
	镀锌内接头	个		2.02×1.07	2.02×1.70	2.02×3.04	2.02×3.22	2.02×4.66
	零星材料费	元		0.11	0.17	0.23	0.32	0.43

第三章　顶　　管

说　　明

一、顶管项目工作坑内的管道安装套用管道安装子目。

二、公称直径500mm以内铸铁管的顶管按水冲顶管考虑,其他规格管材按掏土顶管考虑。

三、顶钢管子目不包括防护和防腐,应另行计算。

四、基价中顶进的长度按30m以内考虑。超过30m的部分,公称直径500mm以内的顶管,人工费、机械费乘以系数1.18；500mm以外的顶管,人工费、机械费乘以系数1.37。

工程量计算规则

一、顶管的长度按顶进土内的管道中心线长度计算。

二、工作坑混凝土底板的强度等级、长度、宽度和厚度，应根据施工组织设计确定。

1.钢 管 顶 进

工作内容：顶管、接口、掏土、土方运出工作坑外堆放。

单位：10m

编号				1-461	1-462	1-463	1-464
项目				钢管顶进			
				*DN*900	*DN*1000	*DN*1200	*DN*1350
预算基价	总价(元)			**10172.52**	**10535.43**	**10912.73**	**11961.42**
	人工费(元)			8029.80	8155.35	8237.70	9224.55
	材料费(元)			248.10	317.02	447.84	520.08
	机械费(元)			1894.62	2063.06	2227.19	2216.79
组成内容		**单位**	**单价**	**数量**			
人工	综合工	工日	135.00	59.48	60.41	61.02	68.33
材料	钢管	m		(10.05)	(10.05)	(10.05)	(10.05)
	电焊条	kg	7.59	17.5	22.6	33.9	39.2
	氧气 6m³	m³	2.88	9.8	12.4	16.3	18.9
	乙炔气 5.5~6.5kg	m³	16.13	4.89	6.21	8.13	9.45
	零星材料费	元		8.18	9.61	12.46	15.69
机械	汽车式起重机 20t	台班	1043.80	0.313	0.337	0.425	0.520
	电焊机 30kV·A	台班	87.97	7.83	9.46	9.61	10.74
	高压油泵 50MPa	台班	110.93	6.564	6.564	7.005	5.068
	立式油压千斤顶 200t	台班	11.50	13.127	13.127	14.010	
	立式油压千斤顶 300t	台班	16.48				10.135

2.铸铁管顶进

工作内容：涂沥青、打口、溜管、顶管、水冲、排出泥浆。

单位：10m

编号				1-465	1-466	1-467	1-468
项目				铸铁管顶进			
				*DN*200	*DN*300	*DN*400	*DN*500
预算基价	总价(元)			**3448.26**	**3914.05**	**4854.88**	**4922.90**
	人工费(元)			1687.50	2110.05	2818.80	2818.80
	材料费(元)			1012.47	1055.71	1135.36	1203.38
	机械费(元)			748.29	748.29	900.72	900.72
组成内容		**单位**	**单价**	**数量**			
人工	综合工	工日	135.00	12.50	15.63	20.88	20.88
材料	铸铁管	m		(10.5)	(10.5)	(10.5)	(10.5)
	铸铁套管	个		(2.5)	(2.5)	(2.5)	(2.5)
	水泥 32.5级	kg	0.36	9.37	12.10	20.61	25.57
	石棉绒	kg	12.32	3.60	5.20	8.82	10.98
	镀锌薄钢板	m^2	17.48	2.8	2.8	2.8	2.8
	方木	m^3	3266.74	0.22	0.22	0.22	0.22
	石油沥青 10#	kg	4.04	0.60	0.85	1.50	1.80
	水	m^3	7.62	2.20	5.00	8.80	13.80
	周转材料运费	元		169.51	169.51	169.51	169.51
	零星材料费	元		8.42	8.62	9.03	9.34
机械	卷扬机 电动单筒慢速 30kN	台班	205.84	1.62	1.62	1.95	1.95
	电动多级离心清水泵 50mm	台班	51.94	1.62	1.62	1.95	1.95
	泥浆泵 100mm	台班	204.13	1.62	1.62	1.95	1.95

3.顶管设备安拆

工作内容：一般顶管设备安拆包括设备安装、拆除，水冲顶管设备安拆包括装配机具、埋留管短桩、安轨道、设备拆除、拔桩。 **单位：**次

编号				1-469	1-470
项目				顶管设备安装拆除	
				水冲顶管设备	一般顶管设备
预算基价	总价(元)			**6075.00**	**16414.96**
	人工费(元)			6075.00	15018.75
	机械费(元)				1396.21
组成内容		单位	单价	数量	
人工	综合工	工日	135.00	45.00	111.25
机械	汽车式起重机 8t	台班	767.15		1.82

4.现浇混凝土基础

工作内容：浇筑混凝土前的准备工作、清理杂物、浇筑振捣、抹面、养护、安拆串筒、搭拆零星脚手、场内运输。 **单位：**$10m^3$

编号				1-471	1-472
项目				C10混凝土垫层	C15混凝土垫层
预算基价	总价(元)			**5046.70**	**5142.37**
	人工费(元)			642.60	626.40
	材料费(元)			4401.85	4510.71
	机械费(元)			2.25	5.26
组成内容		**单位**	**单价**	**数量**	
人工	综合工	工日	135.00	4.76	4.64
材料	预拌混凝土 AC10	m^3	430.17	10.20	
	预拌混凝土 AC15	m^3	439.88		10.20
	水	m^3	7.62	1.853	1.659
	草袋 840×760	条	2.13		5.300
机械	小型机具	元		2.25	5.26

第四章　管道除锈、防腐和防护

说　明

一、本章管道除锈和防腐子目均为综合考虑。管件、附件的现场除锈防腐、搬运损伤修补、焊接部位和施工用人孔的除锈防腐均已计入子目内，不另计算。

二、管件、附件单独防腐或者管段局部加层、改变防腐类型，套用相应子目时工日消耗量、材料消耗量和机械台班消耗量均乘以系数1.15。

三、管道除锈基价为防腐前必须的除锈工序项目。如原材料锈蚀较重，应按锈蚀程度编制补充基价。

四、公称直径600mm以外的预制钢管内外防腐，按下表计算移动管材每平方米内外防腐的机械台班用量，其机械品种、规格不做换算；非预制的不计算此项费用。

移动管材防腐机械台班用量表

公称直径（mm以内）	*DN*800	*DN*1000	*DN*1600	*DN*2200
10t龙门式起重机（台班）	0.008	0.010	0.012	0.014

五、基价中沥青玻璃布防腐层，三布四油按厚度7.5mm考虑；玻璃钢防腐层，五布六油按厚度3.5mm考虑。

工程量计算规则

一、管道除锈、防腐、防护的工程量，除非预制水泥砂浆内防腐以外，均按管道表面积计算。即按管道长度、管径、圆周率的连乘积计算。

二、管内壁除锈、防腐为内径尺寸，外壁除锈、防腐、防护为外径尺寸。非预制的水泥砂浆内防腐工程量按管道长度计算。

三、管件、附件单独防腐，管段局部加层或改变防腐类型，均按实作长度和面积计算。

1.管道除锈

工作内容：除锈擦净。 **单位：**10m²

编号				1-473
项目				管道人工除锈(一般锈痕)
预算基价	总价(元)			**31.31**
	人工费(元)			27.00
	材料费(元)			4.31
组成内容		**单位**	**单价**	**数量**
人工	综合工	工日	135.00	0.20
材料	砂布	张	0.93	3.00
	破布	kg	5.07	0.30

2.管道刷饮水容器内壁环氧涂料

工作内容：涂漆、换气、充水试验、清洗、排水。 **单位：**10m^2

编号				1-474
项目				给水管道管内刷饮水容器内壁环氧涂料四道
预算基价	总价(元)			**3763.83**
	人工费(元)			3510.00
	材料费(元)			253.83
组成内容		单位	单价	数量
人工	综合工	工日	135.00	26.00
材料	环氧涂料底漆	kg	17.83	4.00
	环氧涂料面漆	kg	32.88	4.00
	环氧涂料固化剂	kg	56.74	0.80
	环氧涂料稀释剂	kg	14.00	0.40

3.管道水泥砂浆内防腐

工作内容：1.调制砂浆，分层抹灰、压实，养护。2.非预制的还包括搭拆脚手架，工作人孔的开孔和封闭。

编号				1-475	1-476	1-477	1-478	1-479	1-480	1-481	1-482	1-483
项目				给水钢管预制水泥砂浆内防腐（$10m^2$）	给水钢管现场抹聚醋酸乙烯水泥砂浆内防腐							
					*DN*1000（10m）	*DN*1200（10m）	*DN*1350（10m）	*DN*1500（10m）	*DN*1600（10m）	*DN*1800（10m）	*DN*2000（10m）	*DN*2200（10m）
预算基价	总价（元）			**1032.13**	**4562.37**	**5417.32**	**6153.45**	**6599.66**	**6980.20**	**7777.44**	**8532.04**	**9317.99**
	人工费（元）			962.55	4144.50	4918.05	5593.05	5977.80	6318.00	7020.00	7685.55	8384.85
	材料费（元）			42.44	322.08	384.67	431.81	479.05	510.22	586.65	656.89	724.96
	机械费（元）			27.14	95.79	114.60	128.59	142.81	151.98	170.79	189.60	208.18
组成内容		**单位**	**单价**	**数量**								
人工	综合工	工日	135.00	7.13	30.70	36.43	41.43	44.28	46.80	52.00	56.93	62.11
材料	水泥 32.5级	t	357.47	0.091	0.365	0.437	0.492	0.547	0.583	0.656	0.729	0.802
	粗砂	t	86.63	0.110	0.377	0.453	0.509	0.566	0.604	0.679	0.755	0.830
	水	m^3	7.62	0.05	0.65	0.79	0.89	0.99	1.05	1.19	1.32	1.45
	聚醋酸乙烯乳液	kg	9.51		15.35	18.42	20.72	23.02	24.55	27.62	30.69	33.76
	钢板（中厚）	t	3876.58		0.00180	0.00180	0.00180	0.00180	0.00180	0.00180	0.00180	0.00180
	电焊条	kg	7.59		0.079	0.079	0.079	0.079	0.079	0.079	0.079	0.079
	氧气 $6m^3$	m^3	2.88		0.04	0.04	0.04	0.04	0.04	0.04	0.04	0.04
	乙炔气 5.5～6.5kg	m^3	16.13		0.02	0.02	0.02	0.02	0.02	0.02	0.02	0.02
	板材	m^3	2302.20							0.0059	0.0091	0.0114
	水泥砂浆 1∶1	m^3		(0.111)								
	聚醋酸乙烯抹灰砂浆	m^3			(0.1507)	(0.1809)	(0.2035)	(0.2261)	(0.2412)	(0.2713)	(0.3015)	(0.3316)
	素水泥浆 1∶0.4	m^3			(0.0835)	(0.1001)	(0.1127)	(0.1252)	(0.1335)	(0.1502)	(0.1669)	(0.1836)
	水泥砂浆 1∶1.5	m^3			(0.1808)	(0.2169)	(0.2440)	(0.2712)	(0.2892)	(0.3254)	(0.3615)	(0.3977)
机械	灰浆搅拌机 200L	台班	208.76	0.130	0.408	0.490	0.551	0.613	0.653	0.735	0.817	0.898
	吹风机 $4m^3/min$	台班	20.62		0.408	0.490	0.551	0.613	0.653	0.735	0.817	0.898
	电焊机 30kV•A	台班	87.97		0.025	0.025	0.025	0.025	0.025	0.025	0.025	0.025

4.管道沥青玻璃布外防腐

工作内容： 熬制沥青、调制涂料、涂刷涂料、铺贴布料(涂料包括冷底子油)。 **单位：** 10m²

编号				1-484	1-485
项目				钢管沥青玻璃布外防腐	
				三布四油	每增加一布一油
预算基价	总价(元)			**1046.14**	**193.36**
	人工费(元)			479.25	70.20
	材料费(元)			566.89	123.16
组成内容		**单位**	**单价**	**数量**	
人工	综合工	工日	135.00	3.55	0.52
材料	玻璃布 0.2	m²	4.18	36.00	12.00
	石油沥青 10#	kg	4.04	91.40	15.50
	汽油 90#	kg	7.16	4.65	1.20
	零星材料费	元		13.86	1.79

5.管道玻璃钢外防腐

工作内容：调制涂料、涂刷涂料、铺贴布料。 **单位：**10m²

编号				1-486	1-487
项目				钢管玻璃钢外防腐	
				五布六油	每增加一布一油
预算基价	总价(元)			**2365.39**	**318.43**
	人工费(元)			1239.30	140.40
	材料费(元)			1126.09	178.03
组成内容		单位	单价	数量	
人工	综合工	工日	135.00	9.18	1.04
材料	玻璃布 0.2	m²	4.18	62.40	10.40
	不饱和聚酯树脂	kg	18.17	44.40	6.90
	过氧化环己酮	kg	19.47	2.23	0.35
	环烷酸钴	kg	16.96	0.89	0.14

6.管道外包防护层

工作内容： 1.竹片防护和木板条防护包括切断原材料、铺排、捆绑、加固。2.外包麻布、玻璃布、塑料布包括缠包布料。3.沥青油毡保护层包括熬制沥青、刷沥青和缠包油毡。

单位： $10m^2$

编号				1-488	1-489	1-490	1-491	1-492	1-493
项目				管道外包防护层					
				外包麻布	外包玻璃布	外包塑料布	沥青油毡保护层	竹片防护	木板条防护
预算基价	总价(元)			**255.91**	**112.39**	**83.53**	**257.27**	**806.22**	**823.77**
	人工费(元)			58.05	58.05	58.05	148.50	602.10	464.40
	材料费(元)			197.86	54.34	25.48	108.77	204.12	359.37
组成内容		**单位**	**单价**	**数量**					
人工	综合工	工日	135.00	0.43	0.43	0.43	1.10	4.46	3.44
材料	麻布	m^2	15.22	13.00					
	玻璃布 0.2	m^2	4.18		13.00				
	塑料布 0.25	m^2	1.96			13.00			
	油毡（综合）	m^2	3.83				13.00		
	石油沥青 10#	kg	4.04				14.60		
	竹片	m^2	11.75					10.50	
	镀锌钢丝 0.7～1.2	kg	7.34					11.00	8.50
	板材	m^3	2302.20						0.129

第五章　砌井和管件加固

说 明

一、本章各子目标注的图号为天津市自来水集团有限公司设计图纸,使用其他设计图纸可套用本章相应项目。

二、砌井挖还土和施工排水包括在管道槽挖还土和施工排水内,不另计算。

三、基础和垫层包括原土夯入碎砖、灰土夯实、现浇混凝土三项。

四、桩上钉方木子目包括加固木桩的钢丝和钉方木的圆钉或扒钉在内。

五、金属构件和U形爬梯制作、安装子目不包括防腐。

六、支墩为用以加固丁字管、弯管、管堵的混凝土或砖砌体。阀门下的砖台套用砌井壁子目,混凝土基座套用现浇混凝土井底子目。

七、稳井盖是指现场安放和固定井盖座。如井盖座预制在混凝土盖板内,不另计算。

八、脚手架子目用于井壁抹面或刷油的砌井项目。内表面或外表面抹面或刷油的套单侧子目,内、外两面均抹面或刷油的套双侧子目。不抹面、不刷油不计算此项费用。

九、现场浇筑混凝土或在预制厂制作混凝土构件,如需蒸汽养护可套用相应子目。

十、定型井的管底深如在基价标注管底深以内,套用相应子目。大于标注的管底深,以0.3m为一级(不足0.3m的按一级考虑),另套列增量子目。上反的放气井的井深,不受管底深的影响,不计算增量。非定型井在计算工程量时,井深应按管道断面图和井图计算。

十一、砌筑自来水定型井子目,未包括预制混凝土井盖板工程量,应另行计算。

工程量计算规则

一、碎砖垫层和砖铺井底按施工图的长度、宽度以面积计算,其他基础和垫层按设计图示尺寸以体积计算。

二、打原木桩按设计图示尺寸以数量计算;桩上钉方木,按设计图示尺寸以体积计算。

三、砖砌井筒、支墩,按设计图示尺寸的长度和高度以面积计算,不扣除嵌入墙内的混凝土梁和0.5m^2以内孔洞所占的面积。厚度按设计图示尺寸取0.125m的整倍数。抹井壁按井壁内侧面或外侧面的长度和高度计算面积,不扣除管道所占的面积。抹井底按井底的长度和宽度计算面积,不扣除阀门下砖台所占的面积。

四、现浇和预制混凝土按设计图示尺寸以体积计算。不扣除钢筋、铁件和0.3m^2以内孔洞所占的体积。

五、钢筋绑扎按设计图示钢筋长度乘以单位理论质量计算。

六、金属构件按设计图示钢材尺寸以质量计算。不扣除孔眼、切肢、切边的质量。多边形按长方形计算。U形爬梯,按设计图示的蹬数计算。铁件按设计图示尺寸以质量计算。工程量不计入电焊条的质量。

七、砖稳井盖按井盖的套数计算。

八、沥青填料按管道与井壁临界面积计算。

九、刷漆、刷沥青按井壁内侧面或外侧面的长度和高度以面积计算。

十、脚手架按砌井数量计算。

十一、混凝土蒸汽养护按需要蒸养的混凝土体积计算。

十二、各种定型井均按设计图示数量计算。

1.基础和垫层

工作内容：1.原土夯入碎砖包括平整地基、铺设、找平、夯实。2.灰土夯实包括平整地基、搅拌、分步夯实和找平。现浇混凝土包括平整、夯实地基，筛选砂石，搅拌，浇筑，振捣，找平，养护。3.砖铺井底包括平整、夯实地基，筛砂子，调制砂浆，浇砖，铺砖，灌缝。

编号				1-494	1-495	1-496	1-497	1-498	1-499	1-500	1-501	1-502
项目				井基础和垫层					砖铺井底			
				原土夯入碎砖	灰土夯实		现浇混凝土		平塄砖		侧立砖	
				0.1m厚 (10m²)	2:8 (m³)	3:7 (m³)	C10 (m³)	C15 (m³)	M7.5 (10m²)	M10 (10m²)	M7.5 (10m²)	M10 (10m²)
预算基价	总价(元)			**48.44**	**272.81**	**284.85**	**683.68**	**693.74**	**281.06**	**281.33**	**538.85**	**540.12**
	人工费(元)			29.70	118.13	118.13	298.49	298.49	118.13	118.13	182.93	182.93
	材料费(元)			18.74	153.35	165.39	351.56	361.62	160.42	160.69	345.90	347.17
	机械费(元)				1.33	1.33	33.63	33.63	2.51	2.51	10.02	10.02
组成内容		**单位**	**单价**	**数量**								
人工	综合工	工日	135.00	0.220	0.875	0.875	2.211	2.211	0.875	0.875	1.355	1.355
材料	碎砖	m³	23.43	0.8								
	生石灰	kg	0.30		163.6	245.4						
	路基黄土	m³	77.65		1.323	1.162						
	水	m³	7.62		0.202	0.202	1.561	1.551	0.022	0.022	0.079	0.079
	水泥 32.5级	t	357.47						0.010	0.011	0.037	0.042
	水泥 42.5级	t	398.99				0.245	0.271				
	优质砂	t	92.45				0.806	0.736				
	碴石 0.5～2	t	83.90				1.160	1.202				
	木模板	m³	1982.88				0.015	0.015				

续前

编号				1-494	1-495	1-496	1-497	1-498	1-499	1-500	1-501	1-502
项目				井基础和垫层					砖铺井底			
				原土夯入碎砖	灰土夯实		现浇混凝土		平墁砖		侧立砖	
				0.1m厚（$10m^2$）	2∶8（m^3）	3∶7（m^3）	C10（m^3）	C15（m^3）	M7.5（$10m^2$）	M10（$10m^2$）	M7.5（$10m^2$）	M10（$10m^2$）
组成内容		**单位**	**单价**	**数量**								
材料	圆钉	kg	6.68				0.3	0.3				
	草袋	m^2	3.34				3.303	3.303				
	机砖	千块	441.10						0.344	0.344	0.711	0.711
	粗砂	t	86.63						0.057	0.056	0.213	0.207
	粉煤灰	t	97.03				0.276	0.304				
	零星材料费	元					0.51	0.51				
	水泥混凝土 C10(0.5～2cm)	m^3					(1.01)					
	水泥混凝土 C15(0.5～2cm)	m^3						(1.01)				
	水泥砂浆 M7.5	m^3							(0.0374)		(0.1390)	
	水泥砂浆 M10	m^3								(0.0374)		(0.1390)
机械	电动夯实机 20～62N·m	台班	27.11		0.049	0.049	0.052	0.052				
	混凝土搅拌机 400L	台班	248.56				0.038	0.038				
	木工圆锯机 500mm	台班	26.53				0.041	0.041				
	机动翻斗车 1t	台班	207.17				0.103	0.103				
	灰浆搅拌机 200L	台班	208.76						0.012	0.012	0.048	0.048
	小型机具	元					0.35	0.35				

2.打 木 桩

工作内容：打木桩、钉方木、加固。

编 号				1-503	1-504	1-505	1-506	1-507	1-508
项 目				打原木桩			桩上钉方木		
				梢径150	梢径200		100 (m^3)	150 (m^3)	200 (m^3)
				长2.5m以内 (根)	长2.5m以内 (根)	长4m以内 (根)			
预算基价	总 价(元)			**124.82**	**219.28**	**347.47**	**4255.53**	**4049.93**	**3844.34**
	人 工 费(元)			40.50	67.50	94.50	810.00	607.50	405.00
	材 料 费(元)			84.32	151.78	252.97	3445.53	3442.43	3439.34
组 成 内 容		**单位**	**单价**	**数 量**					
人工	综合工	工日	135.00	0.30	0.50	0.70	6.00	4.50	3.00
材料	原木	m^3	1686.44	0.05	0.09	0.15			
	方木	m^3	3266.74				1.05	1.05	1.05
	零星材料费	元					15.45	12.35	9.26

3.砖 砌 体

工作内容：砖砌体包括筛砂子、调制砂浆、浇砖、砌砖、砌碹、安放小型构件。水泥砂浆抹面包括清理基层、筛砂子、调制砂浆、抹灰、养护。 **单位：**m^3

编 号				1-509	1-510	1-511	1-512	1-513	1-514
项 目				砖砌井筒					
				矩形			圆形		
				M5	M7.5	M10	M5	M7.5	M10
预算基价	总 价(元)			**590.34**	**593.06**	**595.32**	**588.39**	**591.65**	**594.19**
	人 工 费(元)			286.07	286.07	286.07	287.15	287.15	287.15
	材 料 费(元)			287.99	290.71	292.97	284.96	288.22	290.76
	机 械 费(元)			16.28	16.28	16.28	16.28	16.28	16.28
组 成 内 容		**单位**	**单价**	**数 量**					
人工	综合工	工日	135.00	2.119	2.119	2.119	2.127	2.127	2.127
材料	机砖	千块	441.10	0.533	0.533	0.533	0.511	0.511	0.511
	水泥 32.5级	t	357.47	0.049	0.060	0.069	0.055	0.068	0.078
	粗砂	t	86.63	0.364	0.350	0.339	0.413	0.397	0.385
	水	m^3	7.62	0.15	0.15	0.15	0.16	0.16	0.16
	零星材料费	元		2.69	2.69	2.69	2.90	2.90	2.90
	水泥砂浆 M5	m^3		(0.228)			(0.259)		
	水泥砂浆 M7.5	m^3			(0.228)			(0.259)	
	水泥砂浆 M10	m^3				(0.228)			(0.259)
机械	灰浆搅拌机 200L	台班	208.76	0.078	0.078	0.078	0.078	0.078	0.078

工作内容：砖砌体包括筛砂子、调制砂浆、浇砖、砌砖、砌碹、安放小型构件。水泥砂浆抹面包括清理基层、筛砂子、调制砂浆、抹灰、养护。

编号				1-515	1-516	1-517	1-518	1-519	1-520
项目				零星砌体		砖砌体水泥砂浆抹面			
						一般抹面		刚性防水	
				M7.5 (m^3)	M10 (m^3)	不掺防水粉 ($10m^2$)	掺防水粉3% ($10m^2$)	五层做法 ($10m^2$)	七层做法 ($10m^2$)
预算基价	总价(元)			**588.80**	**591.06**	**323.24**	**341.46**	**358.81**	**492.41**
	人工费(元)			284.99	284.99	240.84	240.84	258.93	359.10
	材料费(元)			287.53	289.79	82.40	100.62	95.08	126.84
	机械费(元)			16.28	16.28			4.80	6.47
组成内容		单位	单价	数量					
人工	综合工	工日	135.00	2.111	2.111	1.784	1.784	1.918	2.660
材料	机砖	千块	441.10	0.522	0.522				
	水泥 32.5级	t	357.47	0.062	0.071	0.144	0.144	0.194	0.260
	粗砂	t	86.63	0.360	0.349	0.349	0.349	0.246	0.335
	水	m^3	7.62	0.15	0.15	0.09	0.09	0.58	0.64
	防水粉	kg	4.21				4.33		
	零星材料费	元		2.78	2.78				
	水泥砂浆 M7.5	m^3		(0.235)					
	水泥砂浆 M10	m^3			(0.235)				
	水泥砂浆 1∶2	m^3				(0.255)	(0.255)	(0.180)	(0.245)
	纯水泥浆	m^3						(0.061)	(0.081)
机械	灰浆搅拌机 200L	台班	208.76	0.078	0.078			0.023	0.031

4.现浇混凝土

工作内容： 制作、安装、拆除模板，筛洗砂石，安放钢筋、小型构件，搅拌，浇筑，振捣和养护。 **单位：** m^3

编　　号				1-521	1-522	1-523	1-524	1-525	1-526
项　　目				井底		井壁		井过梁	
				现浇混凝土					
				C15	C20	C15	C20	C15	C20
预算基价	总　　价(元)			**722.17**	**723.97**	**2004.82**	**2006.63**	**1282.34**	**1284.15**
	人　工　费(元)			320.22	320.22	1196.37	1196.37	754.38	754.38
	材　料　费(元)			391.09	392.89	772.18	773.99	481.61	483.42
	机　械　费(元)			10.86	10.86	36.27	36.27	46.35	46.35
组 成 内 容		**单位**	**单价**	**数　　量**					
人工	综合工	工日	135.00	2.372	2.372	8.862	8.862	5.588	5.588
材料	优质砂	t	92.45	0.74	0.75	0.74	0.75	0.74	0.75
	碴石 0.5～2	t	83.90	1.208	1.223	1.208	1.223	1.208	1.223
	木模板	m^3	1982.88	0.031	0.031	0.215	0.215	0.073	0.073
	圆钉	kg	6.68	0.32	0.32	2.09	2.09	0.40	0.40
	草袋	m^2	3.34	1.47	1.47	0.10	0.10	0.90	0.90
	水	m^3	7.62	1.74	1.69	1.66	1.61	2.17	2.12
	水泥 42.5级	t	398.99	0.272	0.272	0.272	0.272	0.272	0.272
	粉煤灰	t	97.03	0.306	0.306	0.306	0.306	0.306	0.306
	周转材料运费	元		0.61	0.61	4.91	4.91	4.91	4.91
	零星材料费	元		0.72	0.72	6.03	6.03	1.76	1.76
	水泥混凝土 C15(0.5～2cm)	m^3		(1.015)		(1.015)		(1.015)	
	水泥混凝土 C20(0.5～2cm)	m^3			(1.015)		(1.015)		(1.015)
机械	混凝土搅拌机 400L	台班	248.56	0.039	0.039	0.102	0.102	0.063	0.063
	木工圆锯机 500mm	台班	26.53	0.012	0.012	0.271	0.271	0.024	0.024
	木工压刨床 600mm单面	台班	32.70	0.010	0.010	0.072	0.072	0.024	0.024
	综合机械费	元						28.43	28.43
	小型机具	元		0.52	0.52	1.37	1.37	0.84	0.84

工作内容：制作、安装、拆除模板，筛洗砂石，安放钢筋、小型构件，搅拌，浇筑，振捣和养护。 **单位：**m^3

编号					1-527	1-528	1-529	1-530
项目					井顶板		其他井构件	
					现浇混凝土			
					C15	C20	C15	C20
预算基价	总价(元)				**1021.98**	**1023.78**	**2483.32**	**2485.12**
	人工费(元)				494.78	494.78	1882.04	1882.04
	材料费(元)				499.61	501.41	532.75	534.55
	机械费(元)				27.59	27.59	68.53	68.53
组成内容		**单位**	**单价**		**数量**			
人工	综合工	工日	135.00		3.665	3.665	13.941	13.941
材料	优质砂	t	92.45		0.74	0.75	0.74	0.75
	碴石 0.5~2	t	83.90		1.208	1.223	1.208	1.223
	木模板	m^3	1982.88		0.085	0.085	0.067	0.067
	圆钉	kg	6.68		0.34	0.34	1.08	1.08
	草袋	m^2	3.34		1.47	1.47	5.82	5.82
	水	m^3	7.62		1.76	1.71	5.03	4.98
	水泥 42.5级	t	398.99		0.272	0.272	0.272	0.272
	粉煤灰	t	97.03		0.306	0.306	0.306	0.306
	周转材料运费	元			1.84	1.84	26.10	26.10
	零星材料费	元			0.65	0.65	0.83	0.83
	水泥混凝土 C15(0.5~2cm)	m^3			(1.015)		(1.015)	
	水泥混凝土 C20(0.5~2cm)	m^3				(1.015)		(1.015)
机械	混凝土搅拌机 400L	台班	248.56		0.102	0.102	0.100	0.100
	木工圆锯机 500mm	台班	26.53		0.019	0.019	0.129	0.129
	木工压刨床 600mm单面	台班	32.70		0.011	0.011	0.129	0.129
	综合机械费	元					34.69	34.69
	小型机具	元			1.37	1.37	1.34	1.34

5.预制混凝土

工作内容：混凝土制作包括制作、安装、拆除模板，筛洗砂石，安放钢筋、小型构件，搅拌，浇筑，振捣和养护。安装包括筛砂子，调制砂浆，安装构件，找平，加垫和固定。

单位：m^3

编号				1-531	1-532	1-533	1-534	1-535	1-536
项目				井过梁					
				预制混凝土					
				C20	C25	C20	C25	安装	场外运输
				综合		制作			
预算基价	总价(元)			**1641.79**	**1647.95**	**1144.14**	**1150.30**	**380.48**	**117.17**
	人工费(元)			1060.70	1060.70	642.87	642.87	376.25	41.58
	材料费(元)			518.91	525.07	439.09	445.25	4.23	75.59
	机械费(元)			62.18	62.18	62.18	62.18		
组成内容		**单位**	**单价**	**数量**					
人工	综合工	工日	135.00	7.857	7.857	4.762	4.762	2.787	0.308
材料	水泥 32.5级	t	357.47	0.004	0.004			0.004	
	水泥 42.5级	t	398.99	0.271	0.277	0.271	0.277		
	粗砂	t	86.63	0.032	0.032			0.032	
	优质砂	t	92.45	0.746	0.659	0.746	0.659		
	碴石 0.5~2	t	83.90	1.217		1.217			
	碴石 2~4	t	85.12		1.336		1.336		
	木模板	m^3	1982.88	0.051	0.051	0.051	0.051		
	圆钉	kg	6.68	0.419	0.419	0.419	0.419		
	草袋	m^2	3.34	0.42	0.42	0.42	0.42		

续前

单位：m^3

编号				1-531	1-532	1-533	1-534	1-535	1-536
项目				井过梁					
				预制混凝土					
				C20	C25	C20	C25	安装	场外运输
				综合		制作			
组成内容		单位	单价	数量					
材料	水	m^3	7.62	1.591	1.541	1.587	1.537	0.004	
	粉煤灰	t	97.03	0.304	0.310	0.304	0.310		
	损耗费	元		2.64	2.64	0.51	0.51		2.13
	场外运费	元		72.94	72.94				72.94
	周转材料运费	元		7.67	7.67	7.67	7.67		
	零星材料费	元		5.31	5.31	4.79	4.79		0.52
	水泥混凝土 C20(0.5～2cm)	m^3		(1.010)		(1.010)			
	水泥混凝土 C25(2～4cm)	m^3			(1.010)		(1.010)		
	水泥砂浆 M5	m^3		(0.020)	(0.020)			(0.020)	
机械	混凝土搅拌机 400L	台班	248.56	0.028	0.028	0.028	0.028		
	木工圆锯机 500mm	台班	26.53	0.025	0.025	0.025	0.025		
	木工压刨床 600mm单面	台班	32.70	0.025	0.025	0.025	0.025		
	机动翻斗车 1t	台班	207.17	0.063	0.063	0.063	0.063		
	综合机械费	元		40.31	40.31	40.31	40.31		
	小型机具	元		0.38	0.38	0.38	0.38		

工作内容：混凝土制作包括制作、安装、拆除模板，筛洗砂石，安放钢筋、小型构件，搅拌，浇筑，振捣和养护。安装包括筛砂子，调制砂浆，安装构件，找平，加垫和固定。

单位：m^3

编号				1-537	1-538	1-539	1-540	1-541	1-542
项目				井盖板					
				预制混凝土					
				C20	C25	C20	C25	安装	场外运输
				综合		制作			
预算基价	总价(元)			**1412.84**	**1419.01**	**1136.02**	**1142.19**	**132.99**	**143.83**
	人工费(元)			781.53	781.53	592.79	592.79	124.07	64.67
	材料费(元)			607.13	613.30	519.05	525.22	8.92	79.16
	机械费(元)			24.18	24.18	24.18	24.18		
组成内容		**单位**	**单价**	**数量**					
人工	综合工	工日	135.00	5.789	5.789	4.391	4.391	0.919	0.479
材料	水泥 32.5级	t	357.47	0.009	0.009			0.009	
	水泥 42.5级	t	398.99	0.272	0.278	0.272	0.278		
	粗砂	t	86.63	0.065	0.065			0.065	
	优质砂	t	92.45	0.750	0.662	0.750	0.662		
	碴石 0.5～2	t	83.90	1.223		1.223			
	碴石 2～4	t	85.12		1.343		1.343		
	木模板	m^3	1982.88	0.067	0.067	0.067	0.067		
	圆钉	kg	6.68	1.080	1.080	1.080	1.080		
	草袋	m^2	3.34	1.98	1.98	1.98	1.98		

续前

单位：m^3

编号				1-537	1-538	1-539	1-540	1-541	1-542
项目				井盖板					
				预制混凝土					
				C20	C25	C20	C25	安装	场外运输
				综合		制作			
组成内容		单位	单价	数量					
材料	水	m^3	7.62	3.715	3.665	3.706	3.656	0.009	
	粉煤灰	t	97.03	0.306	0.312	0.306	0.312		
	损耗费	元		4.07	4.07	0.45	0.45		3.62
	场外运费	元		74.31	74.31				74.31
	周转材料运费	元		8.29	8.29	8.29	8.29		
	零星材料费	元		26.46	26.46	25.23	25.23		1.23
	水泥混凝土 C20(0.5～2cm)	m^3		(1.015)		(1.015)			
	水泥混凝土 C25(2～4cm)	m^3			(1.015)		(1.015)		
	水泥砂浆 M5	m^3		(0.041)	(0.041)			(0.041)	
机械	混凝土搅拌机 400L	台班	248.56	0.028	0.028	0.028	0.028		
	木工圆锯机 500mm	台班	26.53	0.064	0.064	0.064	0.064		
	木工压刨床 600mm单面	台班	32.70	0.064	0.064	0.064	0.064		
	机动翻斗车 1t	台班	207.17	0.063	0.063	0.063	0.063		
	小型机具	元		0.38	0.38	0.38	0.38		

工作内容： 混凝土制作包括制作、安装、拆除模板，筛洗砂石，安放钢筋、小型构件，搅拌，浇筑，振捣和养护。安装包括筛砂子，调制砂浆，安装构件，找平，加垫和固定。

单位： m^3

编号				1-543	1-544	1-545	1-546	1-547	1-548
项目				其他井构件					
				预制混凝土					
				C20	C25	C20	C25	安装	场外运输
				综合		制作			
预算基价	总价(元)			**1784.99**	**1791.15**	**1285.97**	**1292.13**	**380.48**	**118.54**
	人工费(元)			1194.49	1194.49	776.66	776.66	376.25	41.58
	材料费(元)			566.61	572.77	485.42	491.58	4.23	76.96
	机械费(元)			23.89	23.89	23.89	23.89		
组成内容		**单位**	**单价**	**数量**					
人工	综合工	工日	135.00	8.848	8.848	5.753	5.753	2.787	0.308
材料	水泥 32.5级	t	357.47	0.004	0.004			0.004	
	水泥 42.5级	t	398.99	0.272	0.278	0.272	0.278		
	粗砂	t	86.63	0.032	0.032			0.032	
	优质砂	t	92.45	0.750	0.662	0.750	0.662		
	碴石 0.5～2	t	83.90	1.223		1.223			
	碴石 2～4	t	85.12		1.343		1.343		
	木模板	m^3	1982.88	0.067	0.067	0.067	0.067		
	圆钉	kg	6.68	1.08	1.08	1.08	1.08		
	草袋	m^2	3.34	0.77	0.77	0.77	0.77		

续前

单位：m^3

编号				1-543	1-544	1-545	1-546	1-547	1-548
项目				其他井构件					
				预制混凝土					
				C20	C25	C20	C25	安装	场外运输
				综合		制作			
组成内容		单位	单价	数量					
材料	水	m^3	7.62	2.208	2.158	2.204	2.154	0.004	
	粉煤灰	t	97.03	0.306	0.312	0.306	0.312		
	损耗费	元		2.61	2.61	0.48	0.48		2.13
	场外运费	元		74.31	74.31				74.31
	周转材料运费	元		10.44	10.44	10.44	10.44		
	零星材料费	元		5.42	5.42	4.90	4.90		0.52
	水泥混凝土 C20(0.5～2cm)	m^3		(1.015)		(1.015)			
	水泥混凝土 C25(2～4cm)	m^3			(1.015)		(1.015)		
	水泥砂浆 M5	m^3		(0.02)	(0.02)			(0.02)	
机械	混凝土搅拌机 400L	台班	248.56	0.028	0.028	0.028	0.028		
	木工圆锯机 500mm	台班	26.53	0.059	0.059	0.059	0.059		
	木工压刨床 600mm单面	台班	32.70	0.059	0.059	0.059	0.059		
	机动翻斗车 1t	台班	207.17	0.063	0.063	0.063	0.063		
	小型机具	元		0.38	0.38	0.38	0.38		

6.非预应力钢筋制作与安装

工作内容：平直、切断、弯曲、绑扎、成型钢筋的运输。　　　　**单位：**t

编　号				1-549	1-550
项　目				非预应力钢筋制作与安装	
				Q235	
				ϕ10以内	ϕ10以外
预算基价	总　价(元)			**6101.11**	**5666.15**
	人　工　费(元)			1737.45	1501.20
	材　料　费(元)			4204.06	4064.40
	机　械　费(元)			159.60	100.55
组 成 内 容		**单位**	**单价**	**数　量**	
人工	综合工	工日	135.00	12.87	11.12
材料	钢筋	t		1.02×3970.73	1.02×3799.94
	镀锌钢丝 0.7～1.2	kg	7.34	7.00	7.00
	电焊条	kg	7.59		5.00
	零星材料费	元		102.54	99.13
机械	钢筋调直机 40mm	台班	37.25	0.19	
	钢筋切断机 40mm	台班	42.81	0.23	0.12
	钢筋弯曲机 40mm	台班	26.22	0.79	0.30
	电焊机 30kV•A	台班	87.97	1.34	0.79
	钢筋冷拉机 900kN	台班	40.81	0.10	0.10
	对焊机 75kV•A	台班	113.07		0.03
	对焊机 150kV•A	台班	117.49		0.09

7.金 属 构 件

工作内容：放样、下料、钻孔、刨边、焊接，成品运输，安装。

编 号				1-551	1-552	1-553	1-554	1-555	1-556
项 目				井内安装金属构件					
				一般金属构件			U形爬梯		
				综合 （t）	制作 （t）	安装 （t）	综合 （100磴）	制作 （100磴）	安装 （100磴）
预算基价	总 价（元）			**8370.52**	**5457.40**	**2913.12**	**3388.11**	**2909.84**	**478.27**
	人 工 费（元）			7366.95	4626.45	2740.50	720.90	261.90	459.00
	材 料 费（元）			543.37	385.46	157.91	2659.13	2643.90	15.23
	机 械 费（元）			460.20	445.49	14.71	8.08	4.04	4.04
组 成 内 容		**单位**	**单价**	**数 量**					
人工	综合工	工日	135.00	54.570	34.270	20.300	5.340	1.940	3.400
材料	钢材	t		(1.06)	(1.06)				
	电焊条	kg	7.59	36.19	34.32	1.87			
	镀锌钢丝 2.8～4.0	kg	6.91	10.15		10.15			
	氧气 6m^3	m^3	2.88	9.90	9.90				
	乙炔气 5.5～6.5kg	m^3	16.13	4.46	4.46				
	铁件 含制作费	kg	9.49				275.0	275.0	
	红丹防锈漆	kg	15.51				1.66	1.66	
	稀料	kg	10.88				0.17	0.17	
	场外运费	元		49.61		49.61	13.65		13.65
	零星材料费	元		48.49	24.52	23.97	8.13	6.55	1.58
机械	电焊机 30kV•A	台班	87.97	2.850	2.850				
	金属结构下料机械（综合）	台班	366.82	0.310	0.310				
	场内运费	元		29.42	14.71	14.71	8.08	4.04	4.04
	综合机械费	元		66.35	66.35				

8.稳　井　盖

工作内容：筛洗砂石，调制砂浆或搅拌混凝土，坐稳井盖座，安放井盖板。　　　　**单位：**套

编　　号				1-557	1-558	1-559
项　　目				稳井盖		
				水泥砂浆稳井盖	砖稳井盖	混凝土稳井盖
预算基价	总　　价(元)			**306.99**	**300.78**	**301.94**
	人　工　费(元)			270.00	270.00	270.00
	材　料　费(元)			36.99	30.78	31.94
组 成 内 容		**单位**	**单价**	**数　　量**		
人工	综合工	工日	135.00	2.000	2.000	2.000
材料	铸铁井盖	套		(1)	(1)	(1)
	水泥 32.5级	t	357.47	0.064	0.014	
	水泥 42.5级	t	398.99			0.027
	粗砂	t	86.63	0.155	0.081	
	水	m^3	7.62	0.09	0.03	0.20
	机砖	千块	441.10		0.042	
	优质砂	t	92.45			0.073
	碴石 0.5～2	t	83.90			0.119
	粉煤灰	t	97.03			0.030
	水泥砂浆 1∶2	m^3		(0.113)		
	水泥砂浆 M7.5	m^3			(0.053)	
	水泥混凝土 C20(0.5～2cm)	m^3				(0.099)

9.沥 青 填 料

工作内容：1.调制填料，填入缝隙。2.填沥青玛瑺脂包括刷冷底子油。 **单位：**$10m^2$

编号				1-560	1-561	1-562
项目				井体沥青填料		
				填沥青麻丝	填沥青砂	填沥青玛瑺脂
预算基价	总价(元)			**2542.47**	**740.62**	**1071.00**
	人工费(元)			540.00	540.00	540.00
	材料费(元)			2002.47	200.62	531.00
组成内容		单位	单价	数量		
人工	综合工	工日	135.00	4.000	4.000	4.000
材料	油麻	kg	16.48	114.4		
	石油沥青 10#	kg	4.04	29.00	47.00	112.00
	粗砂	t	86.63		0.124	
	滑石粉	kg	0.59			36.0
	汽油 90#	kg	7.16			8.00

10.刷漆刷沥青

工作内容：调制油料、涂刷油料。

单位：10m²

编号				1-563	1-564	1-565	1-566	1-567
项目				井体刷漆刷沥青				
				金属面				
				刷冷底子油	刷防锈漆		刷调和漆	
					刷两道	每增减一道	刷两道	每增减一道
预算基价	总价(元)			**223.65**	**192.17**	**78.42**	**182.88**	**64.43**
	人工费(元)			210.60	140.40	54.00	141.75	48.60
	材料费(元)			13.05	51.77	24.42	41.13	15.83
组成内容		**单位**	**单价**	**数量**				
人工	综合工	工日	135.00	1.56	1.04	0.40	1.05	0.36
材料	石油沥青 10#	kg	4.04	0.45				
	汽油 90#	kg	7.16	1.05			1.05	0.11
	红丹防锈漆	kg	15.51		2.67	1.25		
	松香水	kg	9.92		0.67	0.32		
	调和漆（综合）	kg	14.11				2.33	1.04
	零星材料费	元		3.71	3.71	1.86	0.74	0.37

工作内容：调制油料、涂刷油料。

单位：10m²

编号					1-568	1-569	1-570
项目					井体刷漆刷沥青		
					抹灰面		
					刷冷底子油	刷沥青	
						刷两道	每增减一道
预算基价	总价(元)				**239.13**	**429.25**	**237.22**
	人工费(元)				210.60	241.65	168.75
	材料费(元)				28.53	187.60	68.47
组成内容		单位	单价		数量		
人工	综合工	工日	135.00		1.56	1.79	1.25
材料	石油沥青 10#	kg	4.04		1.20	40.20	16.58
	汽油 90#	kg	7.16		2.79	3.00	
	零星材料费	元			3.71	3.71	1.49

11.脚　手　架

工作内容：搭设、拆除脚手架，翻板，拆除后的材料堆放。　　　　**单位：**座

	编　号			1-571	1-572
	项　目			搭拆砌井脚手架	
				井高度	
				4m以内	6m以内
预算基价	总　价(元)			**1183.58**	**1574.13**
	人　工　费(元)			1108.35	1478.25
	材　料　费(元)			75.23	95.88
	组成内容	**单位**	**单价**	**数　量**	
人工	综合工	工日	135.00	8.21	10.95
材料	杉篙	m^3	984.48	0.018	0.020
	板材	m^3	2302.20	0.018	0.025
	镀锌钢丝 2.8～4.0	kg	6.91	1.63	1.82
	扒钉	kg	8.58	0.42	0.53
	零星材料费	元		1.20	1.51

12. 混凝土蒸汽养护

工作内容： 燃煤过筛、锅炉供汽、蒸汽养护。　　　　**单位：** $10m^3$

编号				1-573	1-574
项目				混凝土蒸汽养护	
				现场浇制、预制混凝土	加工厂预制混凝土构件
预算基价	总价(元)			**4146.84**	**3371.24**
	人工费(元)			2663.55	1844.10
	材料费(元)			1101.59	1231.65
	机械费(元)			381.70	295.49
组成内容		**单位**	**单价**	**数量**	
人工	综合工	工日	135.00	19.73	13.66
材料	煤	kg	0.53	1942.000	2224.750
	零星材料费	元		72.33	52.53
机械	设备摊销费	元		373.74	289.32
	小型机具	元		7.96	6.17

13.立式闸阀井

工作内容：混凝土浇捣、养护、砌砖、勾缝、安装盖板及井盖。 **单位：**座

编号				1-575	1-576	1-577	1-578
项目				给水管道立式闸阀井(所标-井-5)		给水管道立式闸阀井(所标-井-6)	
				DN300以内		DN500以内	
				管底深1.2m以内	管底深每增加一级	管底深1.8m以内	管底深每增加一级
预算基价	总价(元)			**2844.87**	**228.98**	**5276.83**	**300.57**
	人工费(元)			1233.36	110.70	2316.74	144.99
	材料费(元)			1556.99	112.02	2850.41	147.23
	机械费(元)			54.52	6.26	109.68	8.35
组成内容		**单位**	**单价**	**数量**			
人工	综合工	工日	135.00	9.136	0.820	17.161	1.074
材料	预制混凝土井盖板	套		(1)		(1)	
	铸铁给水井盖 *D*600	套	210.82	1		1	
	机砖	千块	441.10	1.117	0.206	2.187	0.270
	木模板	m^3	1982.88	0.0098		0.0364	
	圆钉	kg	6.68	0.08		0.35	
	草袋	m^2	3.34	0.09		1.34	
	钢筋 *D*10以内	t	3970.73	0.011			
	钢筋 *D*10以外	t	3799.94	0.143		0.246	
	电焊条	kg	7.59	0.29		0.49	
	镀锌钢丝 0.7~1.2	kg	7.34	0.59		0.89	
	水泥 32.5级	t	357.47	0.178	0.023	0.310	0.031
	水泥 42.5级	t	398.99	0.056		0.289	
	优质砂	t	92.45	0.125		0.759	
	碴石 0.5~2	t	83.90			1.034	

续前 单位：座

编号			1-575	1-576	1-577	1-578
项目			给水管道立式闸闸井(所标-井-5)		给水管道立式闸闸井(所标-井-6)	
			*DN*300以内		*DN*500以内	
			管底深1.2m以内	管底深每增加一级	管底深1.8m以内	管底深每增加一级
组成内容	单位	单价	数量			
材料 碴石 2～4	t	85.12	0.254		0.254	
水	m^3	7.62	0.170	0.019	0.474	0.026
粗砂	t	86.63	0.808	0.135	1.591	0.178
粉煤灰	t	97.03	0.063		0.325	
零星材料费	元		43.04	1.09	73.24	1.43
水泥混凝土 C15(0.5～2cm)	m^3				(0.8692)	
水泥混凝土 C30(2～4cm)	m^3		(0.1939)		(0.1939)	
水泥砂浆 1∶2	m^3		(0.113)		(0.113)	
水泥砂浆 M7.5	m^3		(0.383)	(0.088)	(0.936)	(0.116)
水泥砂浆 M10	m^3		(0.044)			
机械 混凝土搅拌机 400L	台班	248.56	0.005		0.039	
灰浆搅拌机 200L	台班	208.76	0.146	0.030	0.320	0.040
机动翻斗车 1t	台班	207.17	0.012		0.012	
钢筋调直机 40mm	台班	37.25	0.051		0.082	
钢筋切断机 40mm	台班	42.81	0.051		0.082	
钢筋弯曲机 40mm	台班	26.22	0.051		0.082	
电焊机 30kV·A	台班	87.97	0.015		0.026	
对焊机 75kV·A	台班	113.07	0.042		0.072	
综合机械费	元		8.82		11.55	

14.卧式闸闸井

工作内容：混凝土浇捣、养护、砌砖、勾缝、安装盖板及井盖。 **单位：**座

编号				1-579	1-580	1-581
项目				给水管道卧式闸闸井(所标-井-7)		
				*DN*400	*DN*500	管底深每增加一级
				管底深(m以内)		
				1.5	1.8	
预算基价	总价(元)			**6465.47**	**6843.18**	**364.44**
	人工费(元)			2706.75	2889.14	175.91
	材料费(元)			3634.90	3819.78	178.51
	机械费(元)			123.82	134.26	10.02
组成内容		**单位**	**单价**	**数量**		
人工	综合工	工日	135.00	20.050	21.401	1.303
材料	预制混凝土井盖板	套		(1)	(1)	
	铸铁给水井盖 *D*600	套	210.82	1	1	
	机砖	千块	441.10	2.248	2.588	0.328
	原木	m^3	1686.44	0.10	0.10	
	方木	m^3	3266.74	0.0119	0.0119	
	木模板	m^3	1982.88	0.0442	0.0442	
	圆钉	kg	6.68	0.43	0.43	
	草袋.	m^2	3.34	1.71	1.71	
	钢筋 *D*10以外	t	3799.94	0.356	0.356	
	电焊条	kg	7.59	0.71	0.71	
	镀锌钢丝 0.7～1.2	kg	7.34	1.29	1.29	
	水泥 32.5级	t	357.47	0.317	0.355	0.037
	水泥 42.5级	t	398.99	0.359	0.359	
	优质砂	t	92.45	0.948	0.948	

续前

单位：座

编号				1-579	1-580	1-581
项目				给水管道卧式闸阀井(所标-井-7)		
				*DN*400	*DN*500	管底深每增加一级
				管底深(m以内)		
				1.5	1.8	
组成内容		单位	单价	数量		
材料	碴石 0.5~2	t	83.90	1.343	1.343	
	碴石 2~4	t	85.12	0.254	0.254	
	水	m^3	7.62	0.536	0.568	0.031
	粗砂	t	86.63	1.630	1.853	0.215
	粉煤灰	t	97.03	0.403	0.403	
	零星材料费	元		98.22	99.98	1.74
	水泥混凝土 C15(0.5~2cm)	m^3		(1.1283)	(1.1283)	
	水泥混凝土 C30(2~4cm)	m^3		(0.1939)	(0.1939)	
	水泥砂浆 1∶2	m^3		(0.113)	(0.113)	
	水泥砂浆 M7.5	m^3		(0.962)	(1.107)	(0.140)
机械	混凝土搅拌机 400L	台班	248.56	0.048	0.048	
	灰浆搅拌机 200L	台班	208.76	0.329	0.379	0.048
	机动翻斗车 1t	台班	207.17	0.012	0.012	
	钢筋调直机 40mm	台班	37.25	0.119	0.119	
	钢筋切断机 40mm	台班	42.81	0.119	0.119	
	钢筋弯曲机 40mm	台班	26.22	0.119	0.119	
	电焊机 30kV•A	台班	87.97	0.037	0.037	
	对焊机 75kV•A	台班	113.07	0.105	0.105	
	综合机械费	元		12.95	12.95	

工作内容：混凝土浇捣、养护、砌砖、勾缝、安装盖板及井盖。 **单位：**座

编号				1-582	1-583	1-584
项目				给水管道卧式闸阀井(所标-井-8)		
				*DN*600	*DN*800	管底深每增加一级
				管底深(m以内)		
				1.8	2.1	
预算基价	总价(元)			**12317.12**	**12719.87**	**519.92**
	人工费(元)			5008.91	5201.96	250.97
	材料费(元)			7086.47	7285.42	254.75
	机械费(元)			221.74	232.49	14.20
组成内容		**单位**	**单价**	**数量**		
人工	综合工	工日	135.00	37.103	38.533	1.859
材料	预制混凝土井盖板	套		(1)	(1)	
	铸铁给水井盖 *D*600	套	210.82	2	2	
	生石灰	kg	0.30	768.10	785.96	
	机砖	千块	441.10	3.198	3.542	0.468
	路基黄土	m^3	77.65	3.637	3.722	
	原木	m^3	1686.44	0.36	0.36	
	方木	m^3	3266.74	0.0546	0.0546	
	木模板	m^3	1982.88	0.0851	0.0851	
	圆钉	kg	6.68	0.96	0.96	
	草袋	m^2	3.34	5.50	5.50	
	钢筋 *D*10以内	t	3970.73	0.129	0.129	
	钢筋 *D*10以外	t	3799.94	0.468	0.468	
	电焊条	kg	7.59	0.94	0.94	
	镀锌钢丝 0.7~1.2	kg	7.34	2.51	2.51	
	水泥 32.5级	t	357.47	0.489	0.527	0.053
	水泥 42.5级	t	398.99	0.782	0.782	
	优质砂	t	92.45	2.203	2.203	

续前

单位：座

编号			1-582	1-583	1-584
项目			给水管道卧式闸阀井(所标-井-8)		
			*DN*600	*DN*800	管底深每增加一级
			管底深(m以内)		
			1.8	2.1	
组成内容	单位	单价	数量		
材料 碴石 0.5～2	t	83.90	2.980	2.980	
碴石 2～4	t	85.12	0.588	0.588	
水	m^3	7.62	0.986	1.019	0.044
粗砂	t	86.63	2.405	2.631	0.307
粉煤灰	t	97.03	0.878	0.878	
零星材料费	元		154.58	156.42	2.44
水泥混凝土 C10(0.5～2cm)	m^3		(0.9153)	(0.9153)	
水泥混凝土 C20(0.5～2cm)	m^3		(1.6001)	(1.6001)	
水泥混凝土 C30(2～4cm)	m^3		(0.4484)	(0.4484)	
水泥砂浆 1∶2	m^3		(0.226)	(0.226)	
水泥砂浆 M7.5	m^3		(1.339)	(1.486)	(0.200)
水泥砂浆 M10	m^3		(0.028)	(0.028)	
机械 电动夯实机 20～62N·m	台班	27.11	0.200	0.204	
混凝土搅拌机 400L	台班	248.56	0.109	0.109	
灰浆搅拌机 200L	台班	208.76	0.460	0.511	0.068
机动翻斗车 1t	台班	207.17	0.122	0.122	
钢筋调直机 40mm	台班	37.25	0.193	0.193	
钢筋切断机 40mm	台班	42.81	0.193	0.193	
钢筋弯曲机 40mm	台班	26.22	0.193	0.193	
电焊机 30kV·A	台班	87.97	0.049	0.049	
对焊机 75kV·A	台班	113.07	0.138	0.138	
综合机械费	元		27.49	27.49	

工作内容：混凝土浇捣、养护、砌砖、勾缝、安装盖板及井盖。 **单位：**座

编号				1-585	1-586	1-587
项目				给水管道卧式闸阀井(所标-井-9)		
				*DN*1000	*DN*1200	管底深每增加一级
				管底深(m以内)		
				2.4		
预算基价	总价(元)			**15833.04**	**15638.12**	**602.37**
	人工费(元)			6417.90	6326.64	290.93
	材料费(元)			9128.14	9029.03	294.95
	机械费(元)			287.00	282.45	16.49
组成内容		**单位**	**单价**	**数量**		
人工	综合工	工日	135.00	47.540	46.864	2.155
材料	预制混凝土井盖板	套		(1)	(1)	
	铸铁给水井盖 *D*600	套	210.82	2	2	
	生石灰	kg	0.30	994.06	962.95	
	机砖	千块	441.10	4.662	4.518	0.542
	路基黄土	m^3	77.65	4.707	4.560	
	原木	m^3	1686.44	0.54	0.54	
	方木	m^3	3266.74	0.0819	0.0819	
	木模板	m^3	1982.88	0.0996	0.0996	
	圆钉	kg	6.68	1.14	1.14	
	草袋	m^2	3.34	6.70	6.70	
	钢筋 *D*10以内	t	3970.73	0.156	0.156	
	钢筋 *D*10以外	t	3799.94	0.561	0.561	
	电焊条	kg	7.59	1.12	1.12	
	镀锌钢丝 0.7～1.2	kg	7.34	3.01	3.01	
	水泥 32.5级	t	357.47	0.652	0.636	0.061
	水泥 42.5级	t	398.99	0.932	0.932	
	优质砂	t	92.45	2.642	2.642	

续前

单位：座

编号				1-585	1-586	1-587
项目				给水管道卧式闸阀井(所标-井-9)		
				DN1000	DN1200	管底深每增加一级
				管底深(m以内)		
				2.4		
组成内容		单位	单价	数量		
材料	碴石 0.5～2	t	83.90	3.665	3.665	
	碴石 2～4	t	85.12	0.588	0.588	
	水	m^3	7.62	1.243	1.229	0.051
	粗砂	t	86.63	3.359	3.264	0.356
	粉煤灰	t	97.03	1.046	1.046	
	零星材料费	元		190.19	189.40	2.84
	水泥混凝土 C10(0.5～2cm)	m^3		(1.1173)	(1.1173)	
	水泥混凝土 C20(0.5～2cm)	m^3		(1.9763)	(1.9763)	
	水泥混凝土 C30(2～4cm)	m^3		(0.4484)	(0.4484)	
	水泥砂浆 1:2	m^3		(0.226)	(0.226)	
	水泥砂浆 M7.5	m^3		(1.961)	(1.899)	(0.232)
	水泥砂浆 M10	m^3		(0.028)	(0.028)	
机械	电动夯实机 20～62N•m	台班	27.11	0.256	0.250	
	混凝土搅拌机 400L	台班	248.56	0.130	0.130	
	灰浆搅拌机 200L	台班	208.76	0.673	0.652	0.079
	机动翻斗车 1t	台班	207.17	0.141	0.141	
	钢筋调直机 40mm	台班	37.25	0.231	0.231	
	钢筋切断机 40mm	台班	42.81	0.231	0.231	
	钢筋弯曲机 40mm	台班	26.22	0.231	0.231	
	电焊机 30kV•A	台班	87.97	0.058	0.058	
	对焊机 75kV•A	台班	113.07	0.165	0.165	
	综合机械费	元		29.73	29.73	

15.蝶　阀　井

工作内容：混凝土浇捣、养护、砌砖、勾缝、安装盖板及井盖。　　　　**单位：**座

编　号					1-588	1-589	1-590	1-591	1-592	1-593
项　目					给水管道蝶阀井(所标-井-10)		给水管道蝶阀井(所标-井-11)		给水管道蝶阀井(所标-井-12)	
					*DN*1400		*DN*1600		*DN*1800	
					管底深2.7m以内	管底深每增加一级	管底深3.0m以内	管底深每增加一级	管底深3.0m以内	管底深每增加一级
预算基价	总　价(元)				**23460.40**	**849.98**	**25624.84**	**890.02**	**26390.09**	**929.99**
	人　工　费(元)				9885.92	401.36	10793.52	420.66	11057.31	439.97
	材　料　费(元)				13048.91	426.19	14254.25	445.68	14741.59	465.30
	机　械　费(元)				525.57	22.43	577.07	23.68	591.19	24.72
组 成 内 容			**单位**	**单价**	**数　量**					
人工	综合工		工日	135.00	73.229	2.973	79.952	3.116	81.906	3.259
材料	预制混凝土井盖板		套		(1)		(1)		(1)	
	铸铁给水井盖 *D*600		套	210.82	2		2		2	
	机砖		千块	441.10	8.925	0.734	10.131	0.770	10.221	0.806
	原木		m^3	1686.44	0.1800		0.1800		0.1800	
	木模板		m^3	1982.88	0.1909		0.2005		0.2088	
	圆钉		kg	6.68	2.15		2.27		2.38	
	草袋		m^2	3.34	12.26		13.01		13.69	
	铁件 含制作费		kg	9.49	22.00	2.75	24.75	2.75	24.75	2.75
	钢筋 *D*10以内		t	3970.73	0.167		0.177		0.187	
	钢筋 *D*10以外		t	3799.94	0.973		1.060		1.116	
	电焊条		kg	7.59	1.95		2.12		2.23	
	镀锌钢丝 0.7～1.2		kg	7.34	4.58		4.96		5.22	
	地脚螺栓		个		4×14.94		4×14.94		4×19.58	
	水泥 32.5级		t	357.47	1.132	0.083	1.268	0.087	1.313	0.091
	水泥 42.5级		t	398.99	1.757		1.854		1.941	

续前

单位：座

编号				1-588	1-589	1-590	1-591	1-592	1-593
项目				给水管道蝶阀井(所标-井-10)		给水管道蝶阀井(所标-井-11)		给水管道蝶阀井(所标-井-12)	
				*DN*1400		*DN*1600		*DN*1800	
				管底深2.7m以内	管底深每增加一级	管底深3.0m以内	管底深每增加一级	管底深3.0m以内	管底深每增加一级
组成内容		**单位**	**单价**	**数量**					
材料	优质砂	t	92.45	4.954		5.236		5.488	
	碴石 0.5～2	t	83.90	6.837		7.280		7.674	
	碴石 2～4	t	85.12	1.176		1.176		1.176	
	水	m^3	7.62	2.281	0.069	2.472	0.072	2.578	0.076
	粗砂	t	86.63	6.166	0.482	6.958	0.505	7.223	0.529
	粉煤灰	t	97.03	1.973		2.082		2.179	
	零星材料费	元		295.25	4.37	314.61	4.54	328.65	4.74
	水泥混凝土 C10(0.5～2cm)	m^3		(1.9416)		(2.0549)		(2.1683)	
	水泥混凝土 C20(0.5～2cm)	m^3		(3.8228)		(4.0822)		(4.3009)	
	水泥混凝土 C30(2～4cm)	m^3		(0.8969)		(0.8969)		(0.8969)	
	水泥砂浆 1:2	m^3		(0.226)		(0.226)		(0.226)	
	水泥砂浆 M7.5	m^3		(3.818)	(0.314)	(4.334)	(0.329)	(4.507)	(0.345)
机械	电动夯实机 20～62N•m	台班	27.11	0.100		0.106		0.112	
	混凝土搅拌机 400L	台班	248.56	0.245		0.259		0.272	
	灰浆搅拌机 200L	台班	208.76	1.306	0.107	1.483	0.113	1.496	0.118
	机动翻斗车 1t	台班	207.17	0.254		0.266		0.277	
	钢筋调直机 40mm	台班	37.25	0.372		0.404		0.425	
	钢筋切断机 40mm	台班	42.81	0.372		0.404		0.425	
	钢筋弯曲机 40mm	台班	26.22	0.372		0.404		0.425	
	电焊机 30kV•A	台班	87.97	0.101		0.110		0.116	
	对焊机 75kV•A	台班	113.07	0.286		0.312		0.328	
	综合机械费	元		55.94	0.09	57.23	0.09	58.39	0.09

16. 卡子三通闸井

工作内容：混凝土浇捣、养护、砌砖、勾缝、安装盖板及井盖。　　　　**单位：**座

编号				1-594	1-595	1-596	1-597	1-598	1-599
项目				给水管道卡子三通闸井（所标-井-15）					
				*DN*100×*DN*100		*DN*150×*DN*100		*DN*200×*DN*100	
				管底深1.2m以内	管底深每增加一级	管底深1.2m以内	管底深每增加一级	管底深1.2m以内	管底深每增加一级
预算基价	总价(元)			**3162.26**	**204.58**	**3189.15**	**208.70**	**3215.88**	**213.49**
	人工费(元)			1376.33	98.69	1388.61	100.85	1400.76	103.01
	材料费(元)			1722.56	100.25	1736.55	102.21	1750.50	104.63
	机械费(元)			63.37	5.64	63.99	5.64	64.62	5.85
组成内容		单位	单价	数量					
人工	综合工	工日	135.00	10.195	0.731	10.286	0.747	10.376	0.763
材料	预制混凝土井盖板	套		(1)		(1)		(1)	
	铸铁给水井盖 *D*600	套	210.82	1		1		1	
	机砖	千块	441.10	1.136	0.184	1.163	0.188	1.189	0.192
	木模板	m^3	1982.88	0.0147		0.0147		0.0147	
	圆钉	kg	6.68	0.12		0.12		0.12	
	草袋	m^2	3.34	0.13		0.13		0.13	
	钢筋 *D*10以内	t	3970.73	0.011		0.011		0.011	
	钢筋 *D*10以外	t	3799.94	0.170		0.170		0.170	
	电焊条	kg	7.59	0.34		0.34		0.34	
	镀锌钢丝 0.7～1.2	kg	7.34	0.69		0.69		0.69	
	水泥 32.5级	t	357.47	0.180	0.021	0.182	0.021	0.185	0.022
	水泥 42.5级	t	398.99	0.085		0.085		0.085	
	优质砂	t	92.45	0.188		0.188		0.188	

续前

单位：座

编号				1-594	1-595	1-596	1-597	1-598	1-599
项目				给水管道卡子三通闸井(所标-井-15)					
				DN100×DN100		DN150×DN100		DN200×DN100	
				管底深1.2m以内	管底深每增加一级	管底深1.2m以内	管底深每增加一级	管底深1.2m以内	管底深每增加一级
组成内容		单位	单价	数量					
材料	碴石 2～4	t	85.12	0.381		0.381		0.381	
	水	m^3	7.62	0.190	0.017	0.192	0.018	0.194	0.018
	粗砂	t	86.63	0.818	0.121	0.832	0.123	0.847	0.126
	粉煤灰	t	97.03	0.095		0.095		0.095	
	零星材料费	元		53.35	0.97	53.49	0.98	53.59	1.02
	水泥混凝土 C30(2～4cm)	m^3		(0.2909)		(0.2909)		(0.2909)	
	水泥砂浆 1:2	m^3		(0.113)		(0.113)		(0.113)	
	水泥砂浆 M7.5	m^3		(0.390)	(0.079)	(0.398)	(0.080)	(0.406)	(0.082)
	水泥砂浆 M10	m^3		(0.044)		(0.045)		(0.047)	
机械	混凝土搅拌机 400L	台班	248.56	0.008		0.008		0.008	
	灰浆搅拌机 200L	台班	208.76	0.149	0.027	0.152	0.027	0.155	0.028
	机动翻斗车 1t	台班	207.17	0.018		0.018		0.018	
	钢筋调直机 40mm	台班	37.25	0.06		0.06		0.06	
	钢筋切断机 40mm	台班	42.81	0.06		0.06		0.06	
	钢筋弯曲机 40mm	台班	26.22	0.06		0.06		0.06	
	电焊机 30kV·A	台班	87.97	0.018		0.018		0.018	
	对焊机 75kV·A	台班	113.07	0.05		0.05		0.05	
	综合机械费	元		12.93		12.93		12.93	

工作内容：混凝土浇捣、养护、砌砖、勾缝、安装盖板及井盖。 **单位：**座

编号				1-600	1-601	1-602	1-603	1-604	1-605
项目				给水管道卡子三通闸井(所标-井-15)					
				$DN300\times DN100$		$DN400\times DN100$		$DN150\times DN150$	
				管底深1.2m以内	管底深每增加一级	管底深1.2m以内	管底深每增加一级	管底深1.2m以内	管底深每增加一级
预算基价	总价(元)			**3485.04**	**222.44**	**3559.62**	**235.63**	**3216.78**	**213.49**
	人工费(元)			1481.63	107.33	1518.08	113.67	1401.03	103.01
	材料费(元)			1934.16	109.06	1970.21	115.49	1751.13	104.63
	机械费(元)			69.25	6.05	71.33	6.47	64.62	5.85
组成内容		单位	单价	数量					
人工	综合工	工日	135.00	10.975	0.795	11.245	0.842	10.378	0.763
材料	预制混凝土井盖板	套		(1)		(1)		(1)	
	铸铁给水井盖 *D*600	套	210.82	1		1		1	
	机砖	千块	441.10	1.242	0.200	1.321	0.212	1.190	0.192
	木模板	m^3	1982.88	0.0147		0.0147		0.0147	
	圆钉	kg	6.68	0.13		0.13		0.12	
	草袋	m^2	3.34	0.12		0.12		0.13	
	钢筋 *D*10以内	t	3970.73	0.016		0.016		0.011	
	钢筋 *D*10以外	t	3799.94	0.204		0.204		0.170	
	电焊条	kg	7.59	0.41		0.41		0.34	
	镀锌钢丝 0.7～1.2	kg	7.34	0.84		0.84		0.69	
	水泥 32.5级	t	357.47	0.190	0.023	0.191	0.024	0.185	0.022
	水泥 42.5级	t	398.99	0.085		0.085		0.085	
	优质砂	t	92.45	0.188		0.188		0.188	

续前

单位：座

编号				1-600	1-601	1-602	1-603	1-604	1-605
项目				给水管道卡子三通闸井(所标-井-15)					
				DN300×DN100		DN400×DN100		DN150×DN150	
				管底深1.2m以内	管底深每增加一级	管底深1.2m以内	管底深每增加一级	管底深1.2m以内	管底深每增加一级
组成内容		单位	单价	数量					
材料	碴石 2～4	t	85.12	0.381		0.381		0.381	
	水	m^3	7.62	0.199	0.019	0.200	0.020	0.195	0.018
	粗砂	t	86.63	0.876	0.132	0.882	0.140	0.849	0.126
	粉煤灰	t	97.03	0.095		0.095		0.095	
	零星材料费	元		58.81	1.04	59.13	1.12	53.59	1.02
	水泥混凝土 C30(2～4cm)	m^3		(0.2909)		(0.2909)		(0.2909)	
	水泥砂浆 1:2	m^3		(0.113)		(0.113)		(0.113)	
	水泥砂浆 M7.5	m^3		(0.423)	(0.086)	(0.423)	(0.091)	(0.407)	(0.082)
	水泥砂浆 M10	m^3		(0.049)		(0.053)		(0.047)	
机械	混凝土搅拌机 400L	台班	248.56	0.009		0.009		0.008	
	灰浆搅拌机 200L	台班	208.76	0.162	0.029	0.172	0.031	0.155	0.028
	机动翻斗车 1t	台班	207.17	0.018		0.018		0.018	
	钢筋调直机 40mm	台班	37.25	0.073		0.073		0.060	
	钢筋切断机 40mm	台班	42.81	0.073		0.073		0.060	
	钢筋弯曲机 40mm	台班	26.22	0.073		0.073		0.060	
	电焊机 30kV·A	台班	87.97	0.021		0.021		0.018	
	对焊机 75kV·A	台班	113.07	0.060		0.060		0.050	
	综合机械费	元		13.07		13.07		12.93	

工作内容：混凝土浇捣、养护、砌砖、勾缝、安装盖板及井盖。　　　　**单位：**座

编号				1-606	1-607	1-608	1-609	1-610	1-611
项目				给水管道卡子三通闸井（所标-井-15）					
				*DN*200×*DN*150		*DN*300×*DN*150		*DN*400×*DN*150	
				管底深1.2m以内	管底深每增加一级	管底深1.2m以内	管底深每增加一级	管底深1.2m以内	管底深每增加一级
预算基价	总价（元）			**3459.10**	**217.87**	**3512.77**	**226.71**	**3581.90**	**237.95**
	人工费（元）			1469.75	105.17	1494.18	109.49	1525.77	115.02
	材料费（元）			1920.73	106.65	1948.72	110.96	1984.38	116.46
	机械费（元）			68.62	6.05	69.87	6.26	71.75	6.47
组成内容		**单位**	**单价**	**数量**					
人工	综合工	工日	135.00	10.887	0.779	11.068	0.811	11.302	0.852
材料	预制混凝土井盖板	套		(1)		(1)		(1)	
	铸铁给水井盖 *D*600	套	210.82	1		1		1	
	机砖	千块	441.10	1.216	0.196	1.269	0.204	1.337	0.214
	木模板	m^3	1982.88	0.0147		0.0147		0.0147	
	圆钉	kg	6.68	0.13		0.13		0.13	
	草袋	m^2	3.34	0.12		0.12		0.12	
	钢筋 *D*10以内	t	3970.73	0.016		0.016		0.016	
	钢筋 *D*10以外	t	3799.94	0.204		0.204		0.204	
	电焊条	kg	7.59	0.41		0.41		0.41	
	镀锌钢丝 0.7~1.2	kg	7.34	0.84		0.84		0.84	
	水泥 32.5级	t	357.47	0.188	0.022	0.193	0.023	0.199	0.024
	水泥 42.5级	t	398.99	0.085		0.085		0.085	
	优质砂	t	92.45	0.188		0.188		0.188	

单位：座

编号				1-606	1-607	1-608	1-609	1-610	1-611
项目				给水管道卡子三通闸井(所标-井-15)					
				*DN*200×*DN*150		*DN*300×*DN*150		*DN*400×*DN*150	
				管底深1.2m以内	管底深每增加一级	管底深1.2m以内	管底深每增加一级	管底深1.2m以内	管底深每增加一级
组成内容		单位	单价	数量					
材料	碴石 2～4	t	85.12	0.381		0.381		0.381	
	水	m^3	7.62	0.197	0.018	0.201	0.019	0.206	0.020
	粗砂	t	86.63	0.863	0.129	0.893	0.133	0.930	0.141
	粉煤灰	t	97.03	0.095		0.095		0.095	
	零星材料费	元		58.71	1.02	58.90	1.09	59.18	1.12
	水泥混凝土 C30(2～4cm)	m^3		(0.2909)		(0.2909)		(0.2909)	
	水泥砂浆 1∶2	m^3		(0.113)		(0.113)		(0.113)	
	水泥砂浆 M7.5	m^3		(0.415)	(0.084)	(0.432)	(0.087)	(0.453)	(0.092)
	水泥砂浆 M10	m^3		(0.048)		(0.051)		(0.054)	
机械	混凝土搅拌机 400L	台班	248.56	0.009		0.009		0.009	
	灰浆搅拌机 200L	台班	208.76	0.159	0.029	0.165	0.030	0.174	0.031
	机动翻斗车 1t	台班	207.17	0.018		0.018		0.018	
	钢筋调直机 40mm	台班	37.25	0.073		0.073		0.073	
	钢筋切断机 40mm	台班	42.81	0.073		0.073		0.073	
	钢筋弯曲机 40mm	台班	26.22	0.073		0.073		0.073	
	电焊机 30kV•A	台班	87.97	0.021		0.021		0.021	
	对焊机 75kV•A	台班	113.07	0.06		0.06		0.06	
	综合机械费	元		13.07		13.07		13.07	

工作内容：混凝土浇捣、养护、砌砖、勾缝、安装盖板及井盖。 **单位：**座

编号					1-612	1-613	1-614	1-615	1-616	1-617
项目					给水管道卡子三通闸井(所标-井-15)					
					*DN*200×*DN*200		*DN*300×*DN*200		*DN*400×*DN*200	
					管底深1.2m以内	管底深每增加一级	管底深1.2m以内	管底深每增加一级	管底深1.2m以内	管底深每增加一级
预算基价	总价(元)				**3470.36**	**219.24**	**3540.14**	**230.85**	**3594.04**	**239.87**
	人工费(元)				1475.01	105.98	1506.74	111.51	1531.04	115.83
	材料费(元)				1926.52	107.21	1962.69	113.08	1991.04	117.36
	机械费(元)				68.83	6.05	70.71	6.26	71.96	6.68
组成内容		**单位**	**单价**		**数量**					
人工	综合工	工日	135.00		10.926	0.785	11.161	0.826	11.341	0.858
材料	预制混凝土井盖板	套			(1)		(1)		(1)	
	铸铁给水井盖 *D*600	套	210.82		1		1		1	
	机砖	千块	441.10		1.227	0.197	1.296	0.208	1.349	0.216
	木模板	m^3	1982.88		0.0147		0.0147		0.0147	
	圆钉	kg	6.68		0.13		0.13		0.13	
	草袋	m^2	3.34		0.12		0.12		0.12	
	钢筋 *D*10以内	t	3970.73		0.016		0.016		0.016	
	钢筋 *D*10以外	t	3799.94		0.204		0.204		0.204	
	电焊条	kg	7.59		0.41		0.41		0.41	
	镀锌钢丝 0.7~1.2	kg	7.34		0.84		0.84		0.84	
	水泥 32.5级	t	357.47		0.189	0.022	0.195	0.023	0.201	0.024
	水泥 42.5级	t	398.99		0.085		0.085		0.085	
	优质砂	t	92.45		0.188		0.188		0.188	

单位：座

编号			1-612	1-613	1-614	1-615	1-616	1-617
项目			给水管道卡子三通闸井(所标-井-15)					
			$DN200\times DN200$		$DN300\times DN200$		$DN400\times DN200$	
			管底深1.2m以内	管底深每增加一级	管底深1.2m以内	管底深每增加一级	管底深1.2m以内	管底深每增加一级
组成内容	单位	单价	数量					
材料 碴石 2～4	t	85.12	0.381		0.381		0.381	
水	m^3	7.62	0.198	0.019	0.203	0.020	0.207	0.020
粗砂	t	86.63	0.869	0.130	0.907	0.137	0.937	0.141
粉煤灰	t	97.03	0.095		0.095		0.095	
零星材料费	元		58.76	1.04	59.02	1.09	59.22	1.14
水泥混凝土 C30(2～4cm)	m^3		(0.2909)		(0.2909)		(0.2909)	
水泥砂浆 1∶2	m^3		(0.113)		(0.113)		(0.113)	
水泥砂浆 M7.5	m^3		(0.419)	(0.085)	(0.440)	(0.089)	(0.457)	(0.092)
水泥砂浆 M10	m^3		(0.048)		(0.052)		(0.055)	
机械 混凝土搅拌机 400L	台班	248.56	0.009		0.009		0.009	
灰浆搅拌机 200L	台班	208.76	0.160	0.029	0.169	0.030	0.175	0.032
机动翻斗车 1t	台班	207.17	0.018		0.018		0.018	
钢筋调直机 40mm	台班	37.25	0.073		0.073		0.073	
钢筋切断机 40mm	台班	42.81	0.073		0.073		0.073	
钢筋弯曲机 40mm	台班	26.22	0.073		0.073		0.073	
电焊机 30kV•A	台班	87.97	0.021		0.021		0.021	
对焊机 75kV•A	台班	113.07	0.06		0.06		0.06	
综合机械费	元		13.07		13.07		13.07	

工作内容：混凝土浇捣、养护、砌砖、勾缝、安装盖板及井盖。 **单位：**座

编　　号				1-618	1-619	1-620	1-621
项　　目				给水管道卡子三通闸井（所标-井-15）			
				$DN300\times DN300$		$DN400\times DN300$	
				管底深1.5m以内	管底深每增加一级	管底深1.5m以内	管底深每增加一级
预算基价	总　　价（元）			**3839.05**	**239.87**	**4115.87**	**248.86**
	人　工　费（元）			1649.30	115.83	1734.35	120.15
	材　料　费（元）			2110.90	117.36	2298.54	121.82
	机　械　费（元）			78.85	6.68	82.98	6.89
组 成 内 容		**单位**	**单价**	**数　　量**			
人工	综合工	工日	135.00	12.217	0.858	12.847	0.890
材料	预制混凝土井盖板	套		(1)		(1)	
	铸铁给水井盖 $D600$	套	210.82	1		1	
	机砖	千块	441.10	1.569	0.216	1.630	0.224
	木模板	m^3	1982.88	0.0147		0.0147	
	圆钉	kg	6.68	0.13		0.12	
	草袋	m^2	3.34	0.12		0.12	
	钢筋 $D10$以内	t	3970.73	0.016		0.022	
	钢筋 $D10$以外	t	3799.94	0.204		0.237	
	电焊条	kg	7.59	0.41		0.47	
	镀锌钢丝 0.7～1.2	kg	7.34	0.84		1.00	
	水泥 32.5级	t	357.47	0.226	0.024	0.231	0.025
	水泥 42.5级	t	398.99	0.085		0.085	
	优质砂	t	92.45	0.188		0.188	

续前

单位：座

编号			1-618	1-619	1-620	1-621
项目			给水管道卡子三通闸井(所标-井-15)			
			DN300×DN300		DN400×DN300	
			管底深1.5m以内	管底深每增加一级	管底深1.5m以内	管底深每增加一级
组成内容	单位	单价	数量			
材料 碴石 2～4	t	85.12	0.381		0.381	
水	m^3	7.62	0.228	0.020	0.233	0.021
粗砂	t	86.63	1.082	0.141	1.115	0.147
粉煤灰	t	97.03	0.095		0.095	
零星材料费	元		60.38	1.14	65.64	1.18
水泥混凝土 C30(2～4cm)	m^3		(0.2909)		(0.2909)	
水泥砂浆 1∶2	m^3		(0.113)		(0.113)	
水泥砂浆 M7.5	m^3		(0.551)	(0.092)	(0.571)	(0.096)
水泥砂浆 M10	m^3		(0.055)		(0.057)	
机械 混凝土搅拌机 400L	台班	248.56	0.009		0.008	
灰浆搅拌机 200L	台班	208.76	0.208	0.032	0.215	0.033
机动翻斗车 1t	台班	207.17	0.018		0.018	
钢筋调直机 40mm	台班	37.25	0.073		0.085	
钢筋切断机 40mm	台班	42.81	0.073		0.085	
钢筋弯曲机 40mm	台班	26.22	0.073		0.085	
电焊机 30kV·A	台班	87.97	0.021		0.025	
对焊机 75kV·A	台班	113.07	0.060		0.070	
综合机械费	元		13.07		13.23	

17.柔　口　井

工作内容：混凝土浇捣、养护、砌砖、勾缝、安装盖板及井盖。　　**单位：**座

编　号					1-622	1-623	1-624	1-625
项　目					给水管道柔口井（所标-井-20）			
					*DN*800		*DN*1000	
					管底深2.1m以内	管底深每增加一级	管底深2.1m以内	管底深每增加一级
预算基价	总　价（元）				**10469.01**	**949.18**	**11280.17**	**977.09**
	人　工　费（元）				4930.88	458.46	5198.85	471.83
	材　料　费（元）				5285.66	464.62	5816.12	478.33
	机　械　费（元）				252.47	26.10	265.20	26.93
组 成 内 容			**单位**	**单价**	**数　量**			
人工	综合工		工日	135.00	36.525	3.396	38.510	3.495
材料	预制混凝土井盖板		套		(1)		(1)	
	铸铁给水井盖 *D*600		套	210.82	1		1	
	机砖		千块	441.10	3.708	0.854	3.769	0.879
	木模板		m^3	1982.88	0.1009		0.1049	
	圆钉		kg	6.68	0.94		0.99	
	草袋		m^2	3.34	3.01		3.20	
	金属构件		t	3706.12	0.076		0.076	
	钢筋 *D*10以外		t	3799.94	0.389		0.500	
	电焊条		kg	7.59	3.38		3.60	
	镀锌钢丝 0.7～1.2		kg	7.34	1.41		1.81	
	镀锌钢丝 2.8～4.0		kg	6.91	0.73		0.73	
	水泥 32.5级		t	357.47	0.481	0.096	0.488	0.099
	水泥 42.5级		t	398.99	0.749		0.784	
	优质砂		t	92.45	1.907		2.001	

续前

单位：座

编号				1-622	1-623	1-624	1-625
项目				给水管道柔口井(所标-井-20)			
				DN800		DN1000	
				管底深2.1m以内	管底深每增加一级	管底深2.1m以内	管底深每增加一级
组成内容		单位	单价	数量			
材料	碴石 0.5～2	t	83.90	2.168		2.321	
	碴石 2～4	t	85.12	1.176		1.176	
	水	m^3	7.62	0.960	0.080	0.994	0.083
	粗砂	t	86.63	2.588	0.560	2.628	0.577
	粉煤灰	t	97.03	0.841		0.879	
	零星材料费	元		179.75	4.48	202.59	4.60
	水泥混凝土 C15(0.5～2cm)	m^3		(1.8218)		(1.9501)	
	水泥混凝土 C30(2～4cm)	m^3		(0.8969)		(0.8969)	
	水泥砂浆 1∶2	m^3		(0.113)		(0.113)	
	水泥砂浆 M7.5	m^3		(1.586)	(0.365)	(1.612)	(0.376)
机械	混凝土搅拌机 400L	台班	248.56	0.095		0.100	
	灰浆搅拌机 200L	台班	208.76	0.543	0.125	0.551	0.129
	机动翻斗车 1t	台班	207.17	0.056		0.056	
	钢筋调直机 40mm	台班	37.25	0.130		0.167	
	钢筋切断机 40mm	台班	42.81	0.130		0.167	
	钢筋弯曲机 40mm	台班	26.22	0.130		0.167	
	电焊机 30kV·A	台班	87.97	0.245		0.257	
	对焊机 75kV·A	台班	113.07	0.114		0.147	
	综合机械费	元		55.64		56.74	

工作内容：混凝土浇捣、养护、砌砖、勾缝、安装盖板及井盖。 **单位：**座

编 号				1-626	1-627	1-628	1-629
项 目				给水管道柔口井(所标-井-20)			
				*DN*1200		*DN*1350	
				管底深2.1m以内	管底深每增加一级	管底深2.4m以内	管底深每增加一级
预算基价	总 价(元)			**11411.33**	**999.29**	**13001.29**	**1025.95**
	人 工 费(元)			5259.20	482.49	5942.43	495.45
	材 料 费(元)			5884.14	489.24	6753.10	502.32
	机 械 费(元)			267.99	27.56	305.76	28.18
组 成 内 容		**单位**	**单价**	**数 量**			
人工	综合工	工日	135.00	38.957	3.574	44.018	3.670
材料	预制混凝土井盖板	套		(1)		(1)	
	铸铁给水井盖 *D*600	套	210.82	1		1	
	机砖	千块	441.10	3.806	0.899	4.801	0.923
	木模板	m^3	1982.88	0.1088		0.1127	
	圆钉	kg	6.68	1.03		1.07	
	草袋	m^2	3.34	3.38		3.57	
	金属构件	t	3706.12	0.076		0.076	
	钢筋 *D*10以外	t	3799.94	0.500		0.570	
	电焊条	kg	7.59	3.60		3.74	
	镀锌钢丝 0.7～1.2	kg	7.34	1.81		2.07	
	镀锌钢丝 2.8～4.0	kg	6.91	0.73		0.73	
	水泥 32.5级	t	357.47	0.492	0.101	0.604	0.104
	水泥 42.5级	t	398.99	0.818		0.852	
	优质砂	t	92.45	2.095		2.188	

续前

单位：座

编号				1-626	1-627	1-628	1-629
项目				给水管道柔口井(所标-井-20)			
				DN1200		DN1350	
				管底深2.1m以内	管底深每增加一级	管底深2.4m以内	管底深每增加一级
组成内容		单位	单价	数量			
材料	碴石 0.5～2	t	83.90	2.473		2.626	
	碴石 2～4	t	85.12	1.176		1.176	
	水	m^3	7.62	1.025	0.085	1.147	0.087
	粗砂	t	86.63	2.652	0.591	3.306	0.606
	粉煤灰	t	97.03	0.918		0.957	
	零星材料费	元		203.15	4.74	219.21	4.85
	水泥混凝土 C15(0.5～2cm)	m^3		(2.0784)		(2.2067)	
	水泥混凝土 C30(2～4cm)	m^3		(0.8969)		(0.8969)	
	水泥砂浆 1:2	m^3		(0.113)		(0.113)	
	水泥砂浆 M7.5	m^3		(1.628)	(0.385)	(2.054)	(0.395)
机械	混凝土搅拌机 400L	台班	248.56	0.105		0.110	
	灰浆搅拌机 200L	台班	208.76	0.557	0.132	0.703	0.135
	机动翻斗车 1t	台班	207.17	0.056		0.056	
	钢筋调直机 40mm	台班	37.25	0.167		0.190	
	钢筋切断机 40mm	台班	42.81	0.167		0.190	
	钢筋弯曲机 40mm	台班	26.22	0.167		0.190	
	电焊机 30kV·A	台班	87.97	0.257		0.264	
	对焊机 75kV·A	台班	113.07	0.147		0.168	
	综合机械费	元		57.03		57.65	

18.测　流　井

工作内容：混凝土浇捣、养护、砌砖、勾缝、安装盖板及井盖。　　　　**单位：**座

编　号					1-630	1-631	1-632	1-633
项　目					给水管道测流井（所标-井-21）			
					*DN*300		*DN*400	
					管底深1.2m以内	管底深每增加一级	管底深1.5m以内	管底深每增加一级
预算基价	总　价（元）				**2493.04**	**240.59**	**2821.58**	**252.09**
	人　工　费（元）				1100.66	126.50	1259.28	132.44
	材　料　费（元）				1351.74	108.45	1514.77	113.80
	机　械　费（元）				40.64	5.64	47.53	5.85
组成内容		**单位**	**单价**		**数　量**			
人工	综合工	工日	135.00		8.153	0.937	9.328	0.981
材料	铸铁测流井井盖 560×400	套	500.69		1		1	
	机砖	千块	441.10		0.907	0.183	1.139	0.192
	木模板	m^3	1982.88		0.0098		0.0098	
	圆钉	kg	6.68		0.08		0.08	
	草袋	m^2	3.34		0.08		0.08	
	钢筋 *D*10以外	t	3799.94		0.054		0.054	
	电焊条	kg	7.59		0.11		0.11	
	镀锌钢丝 0.7～1.2	kg	7.34		0.20		0.20	
	镀锌钢丝 2.8～4.0	kg	6.91		0.45		0.45	
	水泥 32.5级	t	357.47		0.173	0.036	0.264	0.038
	水泥 42.5级	t	398.99		0.056		0.056	
	优质砂	t	92.45		0.125		0.125	

续前

单位：座

编号				1-630	1-631	1-632	1-633
项目				给水管道测流井(所标-井-21)			
				DN300		DN400	
				管底深1.2m以内	管底深每增加一级	管底深1.5m以内	管底深每增加一级
组成内容		单位	单价	数量			
材料	碴石 2～4	t	85.12	0.254		0.254	
	水	m^3	7.62	0.162	0.027	0.224	0.028
	粗砂	t	86.63	0.720	0.158	1.026	0.165
	粉煤灰	t	97.03	0.063		0.063	
	零星材料费	元		33.05	0.97	34.23	1.02
	水泥混凝土 C30(2～4cm)	m^3		(0.1939)		(0.1939)	
	水泥砂浆 1∶2	m^3		(0.143)	(0.028)	(0.259)	(0.029)
	水泥砂浆 M7.5	m^3		(0.305)	(0.078)	(0.399)	(0.082)
	水泥砂浆 M10	m^3		(0.038)		(0.040)	
机械	混凝土搅拌机 400L	台班	248.56	0.005		0.005	
	灰浆搅拌机 200L	台班	208.76	0.117	0.027	0.150	0.028
	机动翻斗车 1t	台班	207.17	0.012		0.012	
	钢筋调直机 40mm	台班	37.25	0.018		0.018	
	钢筋切断机 40mm	台班	42.81	0.018		0.018	
	钢筋弯曲机 40mm	台班	26.22	0.018		0.018	
	电焊机 30kV•A	台班	87.97	0.006		0.006	
	对焊机 75kV•A	台班	113.07	0.016		0.016	
	综合机械费	元		8.24		8.24	

工作内容：混凝土浇捣、养护、砌砖、勾缝、安装盖板及井盖。 **单位：**座

编号			1-634	1-635	1-636	1-637
项目			给水管道测流井(所标-井-21)			
			*DN*500		*DN*600	
			管底深1.5m以内	管底深每增加一级	管底深1.5m以内	管底深每增加一级
预算基价	总价(元)		**2883.44**	**263.33**	**2946.04**	**274.60**
	人工费(元)		1291.14	138.51	1323.41	144.45
	材料费(元)		1543.31	118.77	1572.38	123.89
	机械费(元)		48.99	6.05	50.25	6.26
组成内容	**单位**	**单价**	**数量**			
人工 综合工	工日	135.00	9.564	1.026	9.803	1.070
材料 铸铁测流井井盖 560×400	套	500.69	1		1	
机砖	千块	441.10	1.187	0.200	1.236	0.208
木模板	m^3	1982.88	0.0098		0.0098	
圆钉	kg	6.68	0.08		0.08	
草袋	m^2	3.34	0.08		0.08	
钢筋 *D*10以外	t	3799.94	0.054		0.054	
电焊条	kg	7.59	0.11		0.11	
镀锌钢丝 0.7～1.2	kg	7.34	0.20		0.20	
镀锌钢丝 2.8～4.0	kg	6.91	0.45		0.45	
水泥 32.5级	t	357.47	0.274	0.040	0.284	0.042
水泥 42.5级	t	398.99	0.056		0.056	
优质砂	t	92.45	0.125		0.125	
碴石 2～4	t	85.12	0.254		0.254	

续前

单位：座

编号				1-634	1-635	1-636	1-637
项目				给水管道测流井(所标-井-21)			
				DN500		DN600	
				管底深1.5m以内	管底深每增加一级	管底深1.5m以内	管底深每增加一级
组成内容		单位	单价	数量			
材料	水	m^3	7.62	0.232	0.030	0.239	0.031
	粗砂	t	86.63	1.067	0.173	1.109	0.182
	粉煤灰	t	97.03	0.063		0.063	
	零星材料费	元		34.41	1.04	34.60	1.12
	水泥混凝土 C30(2～4cm)	m^3		(0.1939)		(0.1939)	
	水泥砂浆 1∶2	m^3		(0.269)	(0.031)	(0.278)	(0.033)
	水泥砂浆 M7.5	m^3		(0.415)	(0.085)	(0.431)	(0.089)
	水泥砂浆 M10	m^3		(0.042)		(0.045)	
机械	混凝土搅拌机 400L	台班	248.56	0.005		0.005	
	灰浆搅拌机 200L	台班	208.76	0.157	0.029	0.163	0.030
	机动翻斗车 1t	台班	207.17	0.012		0.012	
	钢筋调直机 40mm	台班	37.25	0.018		0.018	
	钢筋切断机 40mm	台班	42.81	0.018		0.018	
	钢筋弯曲机 40mm	台班	26.22	0.018		0.018	
	电焊机 30kV•A	台班	87.97	0.006		0.006	
	对焊机 75kV•A	台班	113.07	0.016		0.016	
	综合机械费	元		8.24		8.24	

工作内容：混凝土浇捣、养护、砌砖、勾缝、安装盖板及井盖。 **单位：**座

编号					1-638	1-639	1-640	1-641
项目					给水管道测流井(所标-井-22)			
					*DN*800	*DN*1000	*DN*1200	管底深每增加一级
					管底深(m以内)			
					1.8	2.1	2.4	
预算基价	总价(元)				**7799.29**	**8307.58**	**8735.90**	**442.67**
	人工费(元)				3477.47	3754.89	3983.18	234.36
	材料费(元)				4153.10	4373.19	4563.25	198.29
	机械费(元)				168.72	179.50	189.47	10.02
组成内容		**单位**	**单价**		**数量**			
人工	综合工	工日	135.00		25.759	27.814	29.505	1.736
材料	预制混凝土井盖板	套			(1)	(1)	(1)	
	铸铁测流井井盖 560×400	套	500.69		1	1	1	
	生石灰	kg	0.30		415.43	404.24	394.31	
	机砖	千块	441.10		1.775	2.132	2.460	0.331
	路基黄土	m^3	77.65		1.967	1.914	1.867	
	木模板	m^3	1982.88		0.0556	0.0556	0.0556	
	圆钉	kg	6.68		0.58	0.58	0.58	
	草袋	m^2	3.34		2.64	2.64	2.64	
	钢筋 *D*10以内	t	3970.73		0.001	0.001	0.001	
	钢筋 *D*10以外	t	3799.94		0.397	0.397	0.397	
	电焊条	kg	7.59		0.79	0.79	0.79	
	镀锌钢丝 0.7～1.2	kg	7.34		1.45	1.45	1.45	
	镀锌钢丝 2.8～4.0	kg	6.91		0.45	1.02	1.02	
	水泥 32.5级	t	357.47		0.399	0.471	0.540	0.069
	水泥 42.5级	t	398.99		0.429	0.429	0.429	

单位：座

编号				1-638	1-639	1-640	1-641
项目				给水管道测流井(所标-井-22)			
				DN800	DN1000	DN1200	管底深每增加一级
				管底深(m以内)			
				1.8	2.1	2.4	
组成内容		单位	单价	数量			
材料	优质砂	t	92.45	1.131	1.131	1.131	
	碴石 0.5～2	t	83.90	0.794	0.794	0.794	
	碴石 2～4	t	85.12	1.176	1.176	1.176	
	水	m^3	7.62	0.613	0.666	0.717	0.051
	粗砂	t	86.63	1.646	1.959	2.250	0.294
	粉煤灰	t	97.03	0.481	0.481	0.481	
	零星材料费	元		157.84	170.74	172.48	1.76
	水泥混凝土 C10(0.5～2cm)	m^3		(0.6908)	(0.6908)	(0.6908)	
	水泥混凝土 C30(2～4cm)	m^3		(0.8969)	(0.8969)	(0.8969)	
	水泥砂浆 1:2	m^3		(0.352)	(0.409)	(0.465)	(0.056)
	水泥砂浆 M7.5	m^3		(0.759)	(0.912)	(1.052)	(0.142)
机械	电动夯实机 20～62N•m	台班	27.11	0.119	0.116	0.114	
	混凝土搅拌机 400L	台班	248.56	0.051	0.051	0.051	
	灰浆搅拌机 200L	台班	208.76	0.260	0.312	0.360	0.048
	机动翻斗车 1t	台班	207.17	0.126	0.126	0.126	
	钢筋调直机 40mm	台班	37.25	0.133	0.133	0.133	
	钢筋切断机 40mm	台班	42.81	0.133	0.133	0.133	
	钢筋弯曲机 40mm	台班	26.22	0.133	0.133	0.133	
	电焊机 30kV•A	台班	87.97	0.041	0.041	0.041	
	对焊机 75kV•A	台班	113.07	0.117	0.117	0.117	
	综合机械费	元		41.47	41.47	41.47	

19.放　气　井

工作内容：混凝土浇捣、养护、砌砖、勾缝、安装盖板及井盖。　　　　**单位：**座

编　　号					1-642	1-643	1-644	1-645	1-646
项　　目					给水管道放气井(所标-井-13)		给水管道放气井(所标-井-14)		
					DN600	管底深每增加一级	DN700	DN800	管底深每增加一级
					管底深(m以内)		管底深(m以内)		
					1.5		1.8		
预算基价	总　　价(元)				**2708.45**	**220.08**	**4685.99**	**4698.65**	**298.57**
	人　工　费(元)				1187.60	106.38	1957.64	1961.42	144.18
	材　料　费(元)				1470.18	107.65	2630.37	2639.71	146.25
	机　械　费(元)				50.67	6.05	97.98	97.52	8.14
组成内容			**单位**	**单价**	**数　　量**				
人工	综合工		工日	135.00	8.797	0.788	14.501	14.529	1.068
材料	预制混凝土井盖板		套		(1.0)		(1.0)	(1.0)	
	铸铁给水井盖 D600		套	210.82	1		1	1	
	生石灰		kg	0.30	58.43		364.66	393.84	
	机砖		千块	441.10	0.863	0.198	1.142	1.124	0.269
	路基黄土		m^3	77.65	0.277		1.727	1.865	
	木模板		m^3	1982.88	0.0098		0.0237	0.0237	
	圆钉		kg	6.68	0.08		0.30	0.30	
	草袋		m^2	3.34	0.09		2.12	2.12	
	钢筋 D10以内		t	3970.73	0.011		0.027	0.027	
	钢筋 D10以外		t	3799.94	0.143		0.264	0.264	
	电焊条		kg	7.59	0.29		0.53	0.53	
	镀锌钢丝 0.7～1.2		kg	7.34	0.59		1.12	1.12	
	水泥 32.5级		t	357.47	0.161	0.022	0.193	0.190	0.030
	水泥 42.5级		t	398.99	0.056		0.234	0.234	
	优质砂		t	92.45	0.125		0.677	0.677	

续前

单位：座

编号			1-642	1-643	1-644	1-645	1-646
项目			给水管道放气井(所标-井-13)		给水管道放气井(所标-井-14)		
			DN600	管底深每增加一级	DN700	DN800	管底深每增加一级
			管底深(m以内)		管底深(m以内)		
			1.5		1.8		
组成内容	单位	单价	数量				
材料 碴石 0.5～2	t	83.90			0.704	0.704	
碴石 2～4	t	85.12	0.254		0.381	0.381	
水	m^3	7.62	0.158	0.019	0.337	0.335	0.025
粗砂	t	86.63	0.721	0.130	0.905	0.893	0.176
粉煤灰	t	97.03	0.063		0.262	0.262	
零星材料费	元		42.93	1.04	70.77	70.70	1.43
水泥混凝土 C10(0.5～2cm)	m^3				(0.6126)	(0.6126)	
水泥混凝土 C30(2～4cm)	m^3		(0.1939)		(0.2909)	(0.2909)	
水泥砂浆 1:2	m^3		(0.113)		(0.113)	(0.113)	
水泥砂浆 M7.5	m^3		(0.369)	(0.085)	(0.489)	(0.481)	(0.115)
机械 电动夯实机 20～62N•m	台班	27.11	0.012		0.104	0.110	
混凝土搅拌机 400L	台班	248.56	0.005		0.031	0.031	
灰浆搅拌机 200L	台班	208.76	0.126	0.029	0.167	0.164	0.039
机动翻斗车 1t	台班	207.17	0.012		0.080	0.080	
钢筋调直机 40mm	台班	37.25	0.051		0.095	0.095	
钢筋切断机 40mm	台班	42.81	0.051		0.095	0.095	
钢筋弯曲机 40mm	台班	26.22	0.051		0.095	0.095	
电焊机 30kV•A	台班	87.97	0.015		0.027	0.027	
对焊机 75kV•A	台班	113.07	0.042		0.078	0.078	
综合机械费	元		8.82		14.73	14.73	

工作内容：混凝土浇捣、养护、砌砖、勾缝、安装盖板及井盖。　　**单位：**座

编号				1-647	1-648	1-649	1-650	1-651	1-652	1-653	1-654
项目				给水管道放气井(所标 井 14)							
				*DN*1000	*DN*1200	管底深每增加一级	*DN*1350	*DN*1500	*DN*1600	*DN*1800	管底深每增加一级
				管底深(m以内)			管底深(m以内)				
				2.1			2.4		2.7		
预算基价	总　价(元)			**7182.46**	**7188.87**	**332.53**	**8719.10**	**8453.75**	**8792.35**	**8666.93**	**387.54**
	人工费(元)			3159.14	3158.46	160.52	3759.35	3628.67	3790.40	3727.76	187.11
	材料费(元)			3860.60	3868.70	162.82	4771.51	4645.02	4813.02	4754.46	189.78
	机械费(元)			162.72	161.71	9.19	188.24	180.06	188.93	184.71	10.65
组成内容		单位	单价	数量							
人工	综合工	工日	135.00	23.401	23.396	1.189	27.847	26.879	28.077	27.613	1.386
材料	预制混凝土井盖板	套		(1.0)	(1.0)		(1.0)	(1.0)	(1.0)	(1.0)	
	铸铁给水井盖 *D*600	套	210.82	1	1		1	1	1	1	
	生石灰	kg	0.30	564.81	610.58		914.06	945.67	966.36	992.35	
	机砖	千块	441.10	1.563	1.522	0.299	2.070	1.799	2.082	1.942	0.349
	路基黄土	m^3	77.65	2.674	2.891		4.328	4.478	4.576	4.699	
	木模板	m^3	1982.88	0.0544	0.0544		0.0544	0.0544	0.0544	0.0544	
	圆钉	kg	6.68	0.56	0.56		0.55	0.55	0.55	0.55	
	草袋	m^2	3.34	3.37	3.37		2.38	2.38	2.38	2.38	
	钢筋 *D*10以外	t	3799.94	0.429	0.429		0.530	0.530	0.530	0.530	
	电焊条	kg	7.59	0.86	0.86		1.06	1.06	1.06	1.06	
	镀锌钢丝 0.7～1.2	kg	7.34	1.56	1.56		1.92	1.92	1.92	1.92	
	水泥 32.5级	t	357.47	0.240	0.235	0.034	0.297	0.266	0.298	0.283	0.039
	水泥 42.5级	t	398.99	0.41	0.41		0.41	0.41	0.41	0.41	
	优质砂	t	92.45	1.068	1.068		1.068	1.068	1.068	1.068	
	碴石 0.5～2	t	83.90	0.704	0.704		0.704	0.704	0.704	0.704	

续前 **单位：座**

编号				1-647	1-648	1-649	1-650	1-651	1-652	1-653	1-654
项目				给水管道放气井(所标-井-14)							
				*DN*1000	*DN*1200	管底深每增加一级	*DN*1350	*DN*1500	*DN*1600	*DN*1800	管底深每增加一级
				管底深(m以内)			管底深(m以内)				
				2.1			2.4		2.7		
组成内容		单位	单价	数量							
材料	碴石 2～4	t	85.12	1.176	1.176		1.176	1.176	1.176	1.176	
	水	m^3	7.62	0.492	0.488	0.028	0.539	0.514	0.541	0.528	0.033
	粗砂	t	86.63	1.181	1.153	0.196	1.512	1.334	1.521	1.429	0.229
	粉煤灰	t	97.03	0.46	0.46		0.46	0.46	0.46	0.46	
	零星材料费	元		154.27	154.12	1.58	174.34	172.95	174.46	173.74	1.81
	水泥混凝土 C10(0.5～2cm)	m^3		(0.6126)	(0.6126)		(0.6126)	(0.6126)	(0.6126)	(0.6126)	
	水泥混凝土 C30(2～4cm)	m^3		(0.8969)	(0.8969)		(0.8969)	(0.8969)	(0.8969)	(0.8969)	
	水泥砂浆 1:2	m^3		(0.113)	(0.113)		(0.113)	(0.113)	(0.113)	(0.113)	
	水泥砂浆 M7.5	m^3		(0.669)	(0.651)	(0.128)	(0.885)	(0.769)	(0.891)	(0.831)	(0.149)
机械	电动夯实机 20～62N·m	台班	27.11	0.144	0.153		0.214	0.220	0.224	0.230	
	混凝土搅拌机 400L	台班	248.56	0.048	0.048		0.047	0.047	0.047	0.047	
	灰浆搅拌机 200L	台班	208.76	0.229	0.223	0.044	0.303	0.263	0.305	0.284	0.051
	机动翻斗车 1t	台班	207.17	0.118	0.118		0.118	0.118	0.118	0.118	
	钢筋调直机 40mm	台班	37.25	0.143	0.143		0.177	0.177	0.177	0.177	
	钢筋切断机 40mm	台班	42.81	0.143	0.143		0.177	0.177	0.177	0.177	
	钢筋弯曲机 40mm	台班	26.22	0.143	0.143		0.177	0.177	0.177	0.177	
	电焊机 30kV·A	台班	87.97	0.045	0.045		0.055	0.055	0.055	0.055	
	对焊机 75kV·A	台班	113.07	0.126	0.126		0.156	0.156	0.156	0.156	
	综合机械费	元		41.23	41.23		41.77	41.77	41.77	41.77	

工作内容： 混凝土浇捣、养护、砌砖、勾缝、安装盖板及井盖。 **单位：** 座

编号				1-655	1-656	1-657	1-658
项目				给水管道放气井(所标-井-16)			
				上反			
				*DN*600	*DN*800	*DN*1000	*DN*1200
预算基价	总价(元)			**768.11**	**755.29**	**744.34**	**734.73**
	人工费(元)			379.35	374.09	369.63	365.72
	材料费(元)			384.61	377.11	370.67	365.03
	机械费(元)			4.15	4.09	4.04	3.98
组成内容		**单位**	**单价**	**数量**			
人工	综合工	工日	135.00	2.810	2.771	2.738	2.709
材料	铸铁给水井盖 *D*600	套	210.82	1	1	1	1
	生石灰	kg	0.30	111.68	100.44	90.90	82.43
	机砖	千块	441.10	0.114	0.114	0.114	0.114
	路基黄土	m^3	77.65	0.529	0.476	0.430	0.390
	水泥 32.5级	t	357.47	0.077	0.077	0.077	0.077
	粗砂	t	86.63	0.233	0.233	0.233	0.233
	水	m^3	7.62	0.051	0.051	0.051	0.051
	零星材料费	元		0.83	0.81	0.81	0.81
	水泥砂浆 1∶2	m^3		(0.113)	(0.113)	(0.113)	(0.113)
	水泥砂浆 M7.5	m^3		(0.051)	(0.051)	(0.051)	(0.051)
机械	电动夯实机 20～62N•m	台班	27.11	0.022	0.020	0.018	0.016
	灰浆搅拌机 200L	台班	208.76	0.017	0.017	0.017	0.017

20.人 孔 井

工作内容：混凝土浇捣、养护、砌砖、勾缝、安装盖板及井盖。

单位：座

编号				1-659	1-660	1-661	1-662	1-663	1-664
项目				给水管道人孔井(所标-井-17)					
				*DN*1000	*DN*1200	管底深每增加一级	*DN*1350	*DN*1500	管底深每增加一级
				管底深(m以内)			管底深(m以内)		
				2.1	2.4		2.4	2.7	
预算基价	总价(元)			**6453.19**	**6550.98**	**352.10**	**6908.09**	**7129.26**	**378.67**
	人工费(元)			2826.50	2874.83	169.97	2964.06	3070.98	182.79
	材料费(元)			3485.24	3531.77	172.53	3795.65	3903.66	185.44
	机械费(元)			141.45	144.38	9.60	148.38	154.62	10.44
组成内容		**单位**	**单价**	**数量**					
人工	综合工	工日	135.00	20.937	21.295	1.259	21.956	22.748	1.354
材料	预制混凝土井盖板	套		(1)	(1)		(1)	(1)	
	铸铁给水井盖 *D*600	套	210.82	1	1		1	1	
	生石灰	kg	0.30	154.28	142.65		166.41	160.59	
	机砖	千块	441.10	1.535	1.635	0.317	1.578	1.783	0.341
	路基黄土	m^3	77.65	0.731	0.675		0.788	0.760	
	木模板	m^3	1982.88	0.0453	0.0453		0.0453	0.0453	
	圆钉	kg	6.68	0.37	0.37		0.37	0.37	
	草袋	m^2	3.34	0.37	0.37		0.37	0.37	
	钢筋 *D*10以外	t	3799.94	0.460	0.460		0.530	0.530	
	电焊条	kg	7.59	0.92	0.92		1.06	1.06	
	镀锌钢丝 0.7～1.2	kg	7.34	1.67	1.67		1.92	1.92	
	水泥 32.5级	t	357.47	0.237	0.248	0.036	0.241	0.265	0.038
	水泥 42.5级	t	398.99	0.261	0.261		0.261	0.261	

续前

单位：座

编号				1-659	1-660	1-661	1-662	1-663	1-664
项目				给水管道人孔井(所标-井-17)					
				DN1000	DN1200	管底深每增加一级	DN1350	DN1500	管底深每增加一级
				管底深(m以内)			管底深(m以内)		
				2.1	2.4		2.4	2.7	
组成内容		单位	单价	数量					
材料	优质砂	t	92.45	0.579	0.579		0.579	0.579	
	粗砂	t	86.63	1.163	1.229	0.207	1.190	1.325	0.224
	碴石 2～4	t	85.12	1.176	1.176		1.176	1.176	
	水	m^3	7.62	0.355	0.364	0.030	0.358	0.378	0.032
	粉煤灰	t	97.03	0.292	0.292		0.292	0.292	
	零星材料费	元		159.27	159.80	1.67	169.96	171.04	1.79
	水泥混凝土 C30(2～4cm)	m^3		(0.8969)	(0.8969)		(0.8969)	(0.8969)	
	水泥砂浆 1∶2	m^3		(0.113)	(0.113)		(0.113)	(0.113)	
	水泥砂浆 M7.5	m^3		(0.657)	(0.700)	(0.135)	(0.675)	(0.763)	(0.146)
机械	电动夯实机 20～62N•m	台班	27.11	0.031	0.031		0.033	0.032	
	混凝土搅拌机 400L	台班	248.56	0.025	0.025		0.024	0.024	
	灰浆搅拌机 200L	台班	208.76	0.225	0.239	0.046	0.231	0.261	0.050
	机动翻斗车 1t	台班	207.17	0.056	0.056		0.056	0.056	
	钢筋调直机 40mm	台班	37.25	0.153	0.153		0.177	0.177	
	钢筋切断机 40mm	台班	42.81	0.153	0.153		0.177	0.177	
	钢筋弯曲机 40mm	台班	26.22	0.153	0.153		0.177	0.177	
	电焊机 30kV•A	台班	87.97	0.048	0.048		0.055	0.055	
	对焊机 75kV•A	台班	113.07	0.135	0.135		0.156	0.156	
	综合机械费	元		40.08	40.08		40.41	40.41	

工作内容：混凝土浇捣、养护、砌砖、勾缝、安装盖板及井盖。 **单位：**座

编号				1-665	1-666	1-667
项目				给水管道人孔井(所标-井-17)		
				*DN*1600	*DN*1800	管底深每增加一级
				管底深(m以内)		
				2.7	3.0	
预算基价	总价(元)			**7556.08**	**7680.84**	**405.21**
	人工费(元)			3191.27	3252.42	195.62
	材料费(元)			4204.06	4264.15	198.53
	机械费(元)			160.75	164.27	11.06
组成内容		**单位**	**单价**	**数量**		
人工	综合工	工日	135.00	23.639	24.092	1.449
材料	预制混凝土井盖板	套		(1)	(1)	
	铸铁给水井盖 *D*600	套	210.82	1	1	
	生石灰	kg	0.30	187.63	178.85	
	机砖	千块	441.10	1.781	1.903	0.365
	路基黄土	m^3	77.65	0.888	0.847	
	木模板	m^3	1982.88	0.0453	0.0453	
	圆钉	kg	6.68	0.37	0.37	
	草袋	m^2	3.34	0.37	0.37	
	钢筋 *D*10以外	t	3799.94	0.601	0.601	
	电焊条	kg	7.59	1.20	1.20	
	镀锌钢丝 0.7～1.2	kg	7.34	2.18	2.18	
	水泥 32.5级	t	357.47	0.265	0.278	0.041
	水泥 42.5级	t	398.99	0.261	0.261	

单位：座

编号				1-665	1-666	1-667
项目				给水管道人孔井(所标-井-17)		
				*DN*1600	*DN*1800	管底深每增加一级
				管底深(m以内)		
				2.7	3.0	
组成内容		单位	单价	数量		
材料	粗砂	t	86.63	1.325	1.403	0.239
	优质砂	t	92.45	0.579	0.579	
	碴石 2～4	t	85.12	1.176	1.176	
	水	m^3	7.62	0.378	0.389	0.034
	粉煤灰	t	97.03	0.292	0.292	
	零星材料费	元		181.50	182.11	1.91
	水泥混凝土 C30(2～4cm)	m^3		(0.8969)	(0.8969)	
	水泥砂浆 1∶2	m^3		(0.113)	(0.113)	
	水泥砂浆 M7.5	m^3		(0.763)	(0.814)	(0.156)
机械	电动夯实机 20～62N·m	台班	27.11	0.037	0.036	
	混凝土搅拌机 400L	台班	248.56	0.025	0.025	
	灰浆搅拌机 200L	台班	208.76	0.261	0.278	0.053
	机动翻斗车 1t	台班	207.17	0.056	0.056	
	钢筋调直机 40mm	台班	37.25	0.200	0.200	
	钢筋切断机 40mm	台班	42.81	0.200	0.200	
	钢筋弯曲机 40mm	台班	26.22	0.200	0.200	
	电焊机 30kV·A	台班	87.97	0.062	0.062	
	对焊机 75kV·A	台班	113.07	0.177	0.177	
	综合机械费	元		40.72	40.72	

21.泄 水 井

工作内容：混凝土浇捣、养护、砌砖、勾缝、安装盖板及井盖。

单位：座

编号				1-668	1-669
项目				给水管道泄水井(所标-井-25)	
				泄水管管底深	
				1.5m以内	每增加一级
预算基价	总价(元)			**6270.93**	**519.92**
	人工费(元)			2724.44	250.97
	材料费(元)			3416.64	254.75
	机械费(元)			129.85	14.20
组成内容		**单位**	**单价**	**数量**	
人工	综合工	工日	135.00	20.181	1.859
材料	预制混凝土井盖板	套		(1)	
	铸铁给水井盖 *D*600	套	210.82	1	
	机砖	千块	441.10	2.662	0.468
	木模板	m^3	1982.88	0.0426	
	圆钉	kg	6.68	0.43	
	草袋	m^2	3.34	1.72	
	钢筋 *D*10以外	t	3799.94	0.304	
	电焊条	kg	7.59	0.61	
	镀锌钢丝 0.7~1.2	kg	7.34	1.10	
	水泥 32.5级	t	357.47	0.364	0.053
	水泥 42.5级	t	398.99	0.323	
	粗砂	t	86.63	1.902	0.307
	优质砂	t	92.45	1.013	

单位：座

编号				1-668	1-669
项目				给水管道泄水井(所标-井-25)	
				泄水管管底深	
				1.5m以内	每增加一级
组成内容		单位	单价	数量	
材料	碴石 0.5～2	t	83.90	1.320	
	碴石 2～4	t	85.12	0.196	
	水	m^3	7.62	0.571	0.044
	粉煤灰	t	97.03	0.362	
	零星材料费	元		86.32	2.44
	水泥混凝土 C10(0.5～2cm)	m^3		(1.1488)	
	水泥混凝土 C30(2～4cm)	m^3		(0.1495)	
	水泥砂浆 1:2	m^3		(0.113)	
	水泥砂浆 M7.5	m^3		(1.139)	(0.200)
机械	混凝土搅拌机 400L	台班	248.56	0.049	
	灰浆搅拌机 200L	台班	208.76	0.390	0.068
	机动翻斗车 1t	台班	207.17	0.009	
	钢筋调直机 40mm	台班	37.25	0.101	
	钢筋切断机 40mm	台班	42.81	0.101	
	钢筋弯曲机 40mm	台班	26.22	0.101	
	电焊机 30kV·A	台班	87.97	0.032	
	对焊机 75kV·A	台班	113.07	0.090	
	综合机械费	元		10.66	

22.水 表 井

工作内容：混凝土浇捣、养护、砌砖、勾缝、安装盖板及井盖。 **单位：**座

编号				1-670	1-671	1-672	1-673
项目				水表井(管标-表-1)			
				DN25以内		DN50以内	
				管底深0.9m以内	管底深每增加一级	管底深0.9m以内	管底深每增加一级
预算基价	总价(元)			**1158.79**	**202.80**	**1427.12**	**247.08**
	人工费(元)			432.41	97.88	542.84	119.34
	材料费(元)			703.25	99.28	855.52	120.85
	机械费(元)			23.13	5.64	28.76	6.89
组成内容		单位	单价	数量			
人工	综合工	工日	135.00	3.203	0.725	4.021	0.884
材料	铸铁水表井井盖 D500	套	166.03	1		1	
	机砖	千块	441.10	0.834	0.182	1.029	0.222
	钢筋 D10以内	t	3970.73	0.015		0.021	
	镀锌钢丝 0.7～1.2	kg	7.34	0.10		0.13	
	水泥 32.5级	t	357.47	0.083	0.021	0.102	0.025
	水泥 42.5级	t	398.99	0.026		0.045	
	碴石 2～4	t	85.12	0.115		0.204	
	粗砂	t	86.63	0.485	0.120	0.594	0.146
	优质砂	t	92.45	0.057		0.101	
	水	m^3	7.62	0.086	0.017	0.115	0.021
	粉煤灰	t	97.03	0.029		0.051	
	零星材料费	元		8.46	0.97	12.86	1.18
	水泥混凝土 C30(2～4cm)	m^3		(0.0877)		(0.1559)	
	水泥砂浆 M7.5	m^3		(0.316)	(0.078)	(0.387)	(0.095)
机械	灰浆搅拌机 200L	台班	208.76	0.108	0.027	0.133	0.033
	钢筋调直机 40mm	台班	37.25	0.004		0.006	
	钢筋切断机 40mm	台班	42.81	0.004		0.006	
	钢筋弯曲机 40mm	台班	26.22	0.004		0.006	
	综合机械费	元		0.16		0.36	

工作内容：混凝土浇捣、养护、砌砖、勾缝、安装盖板及井盖。 **单位：**座

编号				1-674	1-675	1-676	1-677
项目				水表井(管标-表-1)			
				DN100以内		DN200以内	
				管底深0.9m以内	管底深每增加一级	管底深0.9m以内	管底深每增加一级
预算基价	总价(元)			**1783.25**	**309.08**	**1864.22**	**326.89**
	人工费(元)			692.69	149.31	729.27	157.95
	材料费(元)			1054.22	151.21	1096.53	159.96
	机械费(元)			36.34	8.56	38.42	8.98
组成内容		**单位**	**单价**	**数量**			
人工	综合工	工日	135.00	5.131	1.106	5.402	1.170
材料	铸铁水表井井盖 D500	套	166.03	1		1	
	机砖	千块	441.10	1.320	0.278	1.401	0.294
	钢筋 D10以内	t	3970.73	0.026		0.026	
	镀锌钢丝 0.7～1.2	kg	7.34	0.17		0.17	
	水泥 32.5级	t	357.47	0.129	0.031	0.136	0.033
	水泥 42.5级	t	398.99	0.065		0.065	
	粗砂	t	86.63	0.753	0.183	0.796	0.193
	优质砂	t	92.45	0.145		0.145	
	碴石 2～4	t	85.12	0.294		0.294	
	水	m^3	7.62	0.151	0.026	0.157	0.028
	粉煤灰	t	97.03	0.073		0.073	
	零星材料费	元		17.51	1.45	17.81	1.55
	水泥混凝土 C30(2～4cm)	m^3		(0.2241)		(0.2241)	
	水泥砂浆 M7.5	m^3		(0.491)	(0.119)	(0.519)	(0.126)
机械	灰浆搅拌机 200L	台班	208.76	0.168	0.041	0.178	0.043
	钢筋调直机 40mm	台班	37.25	0.007		0.007	
	钢筋切断机 40mm	台班	42.81	0.007		0.007	
	钢筋弯曲机 40mm	台班	26.22	0.007		0.007	
	综合机械费	元		0.52		0.52	

工作内容：混凝土浇捣、养护、砌砖、勾缝、安装盖板及井盖。

单位：座

编　号				1-678	1-679	1-680	1-681	1-682	1-683
项　目				砖砌矩形水表井					
				井室净尺寸(长×宽×高)(m)					
				2.15×1.10×1.40	2.75×1.30×1.40	2.75×1.30×1.60	2.75×1.50×1.40	3.50×2.00×1.40	3.50×2.00×1.60
预算基价	总　价(元)			**4925.47**	**6017.54**	**6478.69**	**6286.74**	**8559.09**	**9914.78**
	人　工　费(元)			1717.34	2135.03	2290.41	2198.61	3019.14	3984.80
	材　料　费(元)			3099.02	3738.64	4042.13	3930.61	5242.26	5629.49
	机　械　费(元)			109.11	143.87	146.15	157.52	297.69	300.49
组成内容		**单位**	**单价**	**数　量**					
人工	综合工	工日	135.00	12.721	15.815	16.966	16.286	22.364	29.517
材料	塑料薄膜	m^2	1.90	13.694	17.921	17.921	19.488	28.077	28.077
	机砖	千块	441.10	3.096	3.682	4.208	3.829	4.744	5.421
	钢筋混凝土管 *D*300	m	30.40	0.513	0.513	0.513	0.513	0.513	0.513
	塑钢爬梯	kg	8.65	9.898	9.898	11.311	9.898	9.898	11.311
	水	m^3	7.62	1.881	2.345	2.511	2.497	3.354	3.565
	电	kW·h	0.75	2.632	3.356	3.356	3.615	5.535	5.535
	煤焦沥青漆 L01-17	kg	11.34	0.519	0.519	0.519	0.519	0.519	0.519
	铸铁井盖带井座 *D*700 重型	套	192.20	1	1	1	1	1	1
	水泥 32.5级	t	357.47	0.436	0.519	0.593	0.539	0.668	0.764
	水泥 42.5级	t	398.99	0.894	1.155	1.155	1.247	1.922	1.922
	粗砂	t	86.63	2.140	2.544	2.908	2.645	3.278	3.745
	粉煤灰	t	97.03	1.002	1.295	1.295	1.397	2.155	2.155
	优质砂	t	92.45	2.378	3.053	3.053	3.290	5.002	5.002
	碴石 2～4	t	85.12	4.426	5.711	5.711	6.162	9.471	9.471
	水泥砂浆 M10	m^3		(1.440)	(1.712)	(1.957)	(1.780)	(2.206)	(2.520)
	水泥混凝土 C10(2～4cm)	m^3		(1.115)	(1.348)	(1.348)	(1.430)	(1.892)	(1.892)
	水泥混凝土 C25(2～4cm)	m^3		(2.326)	(3.084)	(3.084)	(3.350)	(5.428)	(5.428)
机械	汽车式起重机 8t	台班	767.15	0.074	0.099	0.099	0.109	0.214	0.214
	载货汽车 8t	台班	521.59	0.075	0.100	0.100	0.110	0.217	0.217
	干混砂浆罐式搅拌机	台班	254.19	0.052	0.062	0.071	0.065	0.080	0.091

23. 圆形排泥湿井

工作内容： 混凝土搅拌、浇捣、养护、砌砖、抹水泥砂浆、勾缝、安装井盖。 **单位：** 座

编号				1-684	1-685	1-686	1-687	1-688	1-689
项目				给水圆形排泥湿井					
				井内径0.7m		井内径1.0m		井内径1.2m	
				井深2.5m	增减0.2m	井深3.5m	增减0.2m	井深4.5m	增减0.2m
预算基价	总价(元)			**2063.67**	**118.39**	**3405.68**	**155.40**	**4775.05**	**180.02**
	人工费(元)			958.64	63.18	1677.92	83.70	2421.77	97.88
	材料费(元)			1089.93	55.21	1706.28	71.70	2327.07	82.14
	机械费(元)			15.10		21.48		26.21	
组成内容		**单位**	**单价**	**数量**					
人工	综合工	工日	135.00	7.101	0.468	12.429	0.620	17.939	0.725
材料	预拌混凝土 AC20	m^3	450.56	0.358		0.505		0.619	
	水泥砂浆 1∶2	m^3	350.77	0.120	0.009	0.234	0.014	0.360	0.017
	水泥砂浆 M7.5	m^3	276.98	0.595	0.048	1.075	0.063	1.586	0.073
	机砖	千块	441.10	0.918	0.073	1.664	0.097	2.457	0.112
	碴石 2～4	t	85.12	0.199		0.294		0.368	
	煤焦沥青漆 L01-17	kg	11.34	1.310	0.076	1.719	0.076	1.992	0.076
	草袋 840×760	条	2.13	1.857		2.749		3.442	
	水	m^3	7.62	0.666		1.031		1.365	
	平口水泥管 *d*300×1m	m	45.32	0.564		0.564		0.564	
	铸铁井盖带井座 *D*700 轻型	套	188.98	1		1		1	
	铸铁爬梯	kg	2.74	22.422	2.078	33.633	2.078	41.107	2.078
机械	电动夯实机 20～62N·m	台班	27.11	0.013		0.019		0.024	
	机动翻斗车 1t	台班	207.17	0.028		0.040		0.049	
	滚筒式混凝土搅拌机 400L	台班	248.56	0.036		0.051		0.062	

24.管道支墩(挡墩)

工作内容：混凝土搅拌、浇捣、养护。

单位：10m³

编号				1-690	1-691	1-692	1-693
项目				支墩(挡墩)			
				每处1m³以内	每处3m³以内	每处5m³以内	每处5m³以外
预算基价	总价(元)			**8961.02**	**7915.58**	**7548.35**	**7277.15**
	人工费(元)			3948.62	2910.87	2551.37	2287.17
	材料费(元)			4592.51	4584.82	4577.09	4570.09
	机械费(元)			419.89	419.89	419.89	419.89
组成内容		**单位**	**单价**	**数量**			
人工	综合工	工日	135.00	29.249	21.562	18.899	16.942
材料	预拌混凝土 AC15	m³	439.88	10.20	10.20	10.20	10.20
	草袋 840×760	条	2.13	16.848	14.300	11.750	9.440
	水	m³	7.62	9.167	8.869	8.568	8.295
机械	机动翻斗车 1t	台班	207.17	0.803	0.803	0.803	0.803
	滚筒式混凝土搅拌机 400L	台班	248.56	1.020	1.020	1.020	1.020

第二册　燃气管道工程

册 说 明

一、本册基价适用于天津地区市政管线的燃气输气管道新建、改建和扩建工程。不适用于厂区内（院内）和室内的燃气管道工程及修缮、养护工程。

二、本册基价包括管道铺设、附件安装、砌井共3章24节290个子目。

三、燃气管道市政管线以正式命名街道的输气管道为界。

四、本册基价中沟槽土方工程按本基价第一册“给水管道工程”沟槽土方有关规定执行。

五、管道槽挖土方按下列规定计算：

1.管道槽的长度按管道中心线的水平投影长度计算，不扣除各种井所占长度。支管从主管中心线计算长度，不扣除和主管重复计算的体积。管道槽内的排水沟以及砌井、管件加固、管道端点等引起多挖的体积不增加。

2.槽体深度按设计图示尺寸计算，底宽、放坡按下列表计算。实际开挖的底宽、放坡与下列表不符时，不做调整。支撑槽深度在1.5m以外、2m以内的，底宽按管道槽底宽表数值增加0.1m；支撑槽深度在2m以外、3m以内的，增加0.2m；支撑槽深度在3m以外、4m以内的，增加0.4m；支撑槽深度在4m以外、4.5m以内的，增加0.6m。明开槽底宽不增加。

管道槽底宽表

单位：m

管道公称直径（mm以内）	*DN*75	*DN*200	*DN*350	*DN*450	*DN*600	*DN*800	*DN*1000	*DN*1200	*DN*1400	*DN*1600	*DN*1800	*DN*2000	*DN*2200
钢管、铸铁管	0.6	0.7	0.8	1.0	1.3	1.6	1.8	2.0	2.2	2.4	2.6	2.8	3.0
混凝土管	0.8	0.9	1.0	1.3	1.5	1.8	2.0	2.3	2.6				

管道槽放坡系数表

管道槽深度（m以内）			1.2	1.5	2.5	4.5
明开挖槽	人工挖土	沟边堆土	1∶0	1∶0.33	1∶0.50	1∶0.67
		随挖随运	1∶0	1∶0.25	1∶0.33	1∶0.50
	人机挖土	机械在沟底挖土	1∶0	1∶0.25	1∶0.33	1∶0.50
		机械在沟边挖土	1∶0	1∶0.67	1∶0.75	1∶0.75
支撑挖槽			1∶0.05			

3.打桩窝子和井点沟开挖的长度按实际长度计算。

4.挖土的工程量按挖土方总量扣除挖路面、路胎和挖淤亚黏土、河淤、稀泥等的体积计算。挖淤亚黏土、河淤和稀泥的工程量按实际体积计算。

5.管道槽还土的工程量按挖土方总量减去下表数量计算。

燃气管道槽还土每米管道槽应减工程量表 **单位**：m^3

管道公称直径（mm以内）	DN400	DN500	DN800	DN1000	DN1200	DN1400	DN1600	DN1800	DN2000	DN2200
钢管	0	0.24	0.44	0.71	0.94	1.12	1.30	1.50	1.70	1.90
铸铁管	0	0.27	0.49	0.77	1.00					
混凝土管	0	0.33	0.60	0.92	1.15	1.35				

6.管道槽排水窝子的工程量，按管道槽的长度，每50m计算一座，余数不足50m的，25m以内不计，25m以外按一座计算。

7.管道槽水窝子排水，以管道槽的长度，按下表计算排水台班数量。通过水域的排水费用另行计算时，应扣除该段管道长度。下表台班用量包括砌各种井的排水台班用量。

每米管道的排水台班用量表 **单位**：台班

管道公称直径（mm以内）	DN200	DN350	DN500	DN800	DN1000	DN1600	DN2200
电动单级清水泵100mm	0.03	0.24	0.36	0.72	1.08	1.32	1.56

8.井点排水以35根井管为一组，20根以上、不足35根时按一组考虑，井点间距按1m计算。井点排水台班数量按施工组织设计确定的排水期计算。

六、管道除锈、防腐和防护、砌井项目按本基价第一册“给水管道工程”相关项目执行。

七、钢管或钢制管件不在施工现场进行防腐处理，应计算自防腐地点至施工现场的场外运费。型钢桩的桩长和用量按设计图示长度和数量确定。

第一章　管道铺设

说　明

一、电焊连接的钢管直管和钢制管件安装子目的管壁厚度，按下表常用规格考虑。

钢管直管和钢制管件管壁厚度表

公称直径(mm)	DN32	DN50	DN125	DN200	DN300	DN400	DN500	DN900	DN1200	DN1350	DN1600	DN2000	DN2200
管壁厚度(mm)	3	4	5	6	7	8	9	10	12	14	16	18	20

二、管节的长度是综合取定，见下表。

管节长度取定表

管材	钢管		承插铸铁管				承插预应力钢筋混凝土管
公称直径(mm以内)	DN900	DN2200	DN100	DN300	DN900	DN1200	DN1400
管节长度(m)	6.4	4.8	3.5	5.0	6.0	4.0	5.0

三、丝扣连接的钢管安装子目，除镀锌外接头用量已计入子目不做调整外，其他管件应另计其价值。安装用工已综合计入钢管安装基价内，不再套管件安装基价，钢管安装基价的人工工日消耗量不做调整。

四、管件安装子目，均按两个接口考虑。

五、管道强度试验、管道气密性试验等子目为一次试验项目。

六、施工时耳子如需排水，按下表规定计算排水费用，包干使用，不得调整。耳子不需排水和不挖耳子的丝扣连接的钢管安装，不计算此项费用。

排水费计算表

管道公称直径(mm以内)	DN50	DN75	DN100	DN125	DN150	DN200	DN300	DN400	DN500	DN600
电动单级清水泵 100mm(台班/每米管道)	0.045	0.050	0.055	0.060	0.065	0.070	0.108	0.135	0.204	0.245
管道公称直径(mm以内)	DN700	DN800	DN900	DN1000	DN1200	DN1500	DN1800	DN2000	DN2200	
电动单级清水泵 100mm(台班/每米管道)	0.255	0.265	0.270	0.275	0.280	0.285	0.290	0.295	0.300	

注：耳子即打口或焊口所挖的工作坑。本表包括阀门和附件安装的耳子排水费用。凡按本表计算排水费用的，阀门和附件耳子的排水费用，不再另计。

工程量计算规则

一、管道长度按中心线的长度计算。弯曲线段按过折点的直线计算长度。支管从主管中心线开始计算长度。开口附件除凝水缸、排气管、吹扫管外，作为支管计算管道长度到附件的端点。当坡度小于5%时，按水平投影长度计算。

二、螺纹连接的钢管安装工程量按管道长度计算。不扣除管件、阀门和附件所占的长度。

三、电焊连接的钢管直管安装工程量按管道长度扣除成品管件和开口附件所占的长度计算。不扣除阀门、不开口的附件和现场制作的管件所占的长度。

四、管件安装的工程量按设计图示数量计算。

五、管道强度试验、管道气密性试验的工程量按管道长度计算。

六、盲（堵）板安装的工程量按设计图示数量计算。

1.钢管螺纹连接

工作内容：切管、套丝、调直、下管、安装管件。

单位：10m

编号					2-1	2-2	2-3	2-4	2-5
项目					燃气镀锌钢管铺设				
					螺纹连接				
					*DN*20	*DN*25	*DN*32	*DN*40	*DN*50
预算基价	总价(元)				**79.17**	**87.68**	**95.88**	**111.80**	**122.09**
	人工费(元)				74.25	81.00	87.75	101.25	109.35
	材料费(元)				4.92	6.68	8.13	10.55	12.74
组成内容		**单位**	**单价**		**数量**				
人工	综合工	工日	135.00		0.55	0.60	0.65	0.75	0.81
材料	镀锌钢管	m			(10.15)	(10.15)	(10.15)	(10.15)	(10.15)
	镀锌外接头	个			1.15×3.13	1.15×4.48	1.15×5.55	0.90×8.95	0.90×10.74
	零星材料费	元			1.32	1.53	1.75	2.49	3.07

2.钢管直管焊接

工作内容：调运、切管、下管、坡口、对口、焊接、挖还耳子。

单位：10m

编号				2-6	2-7	2-8	2-9	2-10	2-11	2-12
项目				燃气钢管铺设						
				电焊连接						
				*DN*20	*DN*25	*DN*32	*DN*40	*DN*50	*DN*65	*DN*75
预算基价	总价(元)			**110.20**	**112.97**	**117.60**	**143.95**	**150.90**	**182.96**	**191.03**
	人工费(元)			98.55	98.55	101.25	120.15	121.50	152.55	156.60
	材料费(元)			0.68	0.81	0.98	1.39	1.71	2.72	3.23
	机械费(元)			10.97	13.61	15.37	22.41	27.69	27.69	31.20
组成内容		**单位**	**单价**	**数量**						
人工	综合工	工日	135.00	0.73	0.73	0.75	0.89	0.90	1.13	1.16
材料	焊接钢管	m		(10.2)	(10.2)	(10.2)	(10.2)	(10.2)	(10.2)	(10.2)
	电焊条	kg	7.59	0.035	0.045	0.053	0.080	0.101	0.187	0.219
	氧气 $6m^3$	m^3	2.88	0.015	0.020	0.023	0.031	0.039	0.059	0.069
	乙炔气 5.5～6.5kg	m^3	16.13	0.01	0.01	0.01	0.02	0.02	0.03	0.04
	零星材料费	元		0.21	0.25	0.35	0.37	0.51	0.65	0.72
机械	电焊机 30kV•A	台班	87.97	0.10	0.13	0.15	0.23	0.29	0.29	0.33
	电动空气压缩机 $6m^3$/min	台班	217.48	0.01	0.01	0.01	0.01	0.01	0.01	0.01

工作内容： 调运、切管、下管、坡口、对口、焊接、挖还耳子。 **单位：** 10m

编号				2-13	2-14	2-15	2-16	2-17	2-18
项目				燃气钢管铺设					
				电焊连接					
				*DN*100	*DN*125	*DN*150	*DN*200	*DN*250	*DN*300
预算基价	总价(元)			**198.23**	**239.51**	**248.00**	**440.44**	**536.59**	**637.40**
	人工费(元)			160.65	190.35	194.40	229.50	237.60	302.40
	材料费(元)			4.20	5.16	6.91	8.85	12.97	15.78
	机械费(元)			33.38	44.00	46.69	202.09	286.02	319.22
组成内容		**单位**	**单价**	**数量**					
人工	综合工	工日	135.00	1.19	1.41	1.44	1.70	1.76	2.24
材料	钢管	m		(10.2)	(10.2)	(10.2)	(10.2)	(10.2)	(10.2)
	电焊条	kg	7.59	0.290	0.352	0.515	0.670	1.095	1.300
	氧气 6m^3	m^3	2.88	0.091	0.110	0.148	0.192	0.262	0.311
	乙炔气 5.5~6.5kg	m^3	16.13	0.05	0.06	0.08	0.10	0.13	0.16
	零星材料费	元		0.93	1.20	1.28	1.60	1.81	2.44
机械	电焊机 30kV·A	台班	87.97	0.33	0.45	0.48	1.14	1.58	1.71
	电动空气压缩机 6m^3/min	台班	217.48	0.02	0.02	0.02	0.02	0.02	0.02
	汽车式起重机 10t	台班	838.68				0.116	0.154	0.172
	长材运输车 8t	台班	667.41					0.02	0.03
	小型机具	元			0.06	0.11	0.17	0.17	0.17

工作内容： 调运、切管、下管、坡口、对口、焊接、挖还耳子。 **单位：** 10m

编号				2-19	2-20	2-21	2-22	2-23	2-24
项目				燃气钢管铺设					
				电焊连接					
				*DN*350	*DN*400	*DN*450	*DN*500	*DN*600	*DN*700
预算基价	总价(元)			**685.23**	**835.59**	**882.03**	**989.30**	**1242.03**	**1462.86**
	人工费(元)			302.40	402.30	406.35	476.55	665.55	835.65
	材料费(元)			21.19	24.31	29.51	32.71	45.27	52.76
	机械费(元)			361.64	408.98	446.17	480.04	531.21	574.45
组成内容		**单位**	**单价**	**数量**					
人工	综合工	工日	135.00	2.24	2.98	3.01	3.53	4.93	6.19
材料	钢管	m		(10.2)	(10.2)	(10.2)	(10.2)	(10.1)	(10.1)
	电焊条	kg	7.59	1.869	2.128	2.614	2.893	4.131	4.798
	氧气 6m³	m³	2.88	0.397	0.452	0.555	0.614	0.802	0.932
	乙炔气 5.5～6.5kg	m³	16.13	0.20	0.23	0.28	0.31	0.41	0.48
	零星材料费	元		2.63	3.15	3.55	3.98	4.99	5.92
机械	长材运输车 8t	台班	667.41	0.03	0.04	0.05	0.05	0.05	0.05
	汽车式起重机 10t	台班	838.68	0.190	0.208	0.216	0.228		
	汽车式起重机 20t	台班	1043.80					0.228	0.237
	电焊机 30kV·A	台班	87.97	2.02	2.31	2.58	2.85	2.90	3.26
	电动空气压缩机 6m³/min	台班	217.48	0.02	0.02	0.02	0.02	0.02	0.03
	小型机具	元		0.22	0.28	0.33	0.39	0.39	0.39

3.钢制成品管件焊接

工作内容：调运、坡口、对口、焊接、挖还耳子。

单位：个

编号					2-25	2-26	2-27	2-28	2-29	2-30	2-31
项目					燃气管道钢制成品管件安装						
					电焊连接						
					*DN*20	*DN*25	*DN*32	*DN*40	*DN*50	*DN*65	*DN*75
预算基价	总价(元)				**69.45**	**73.61**	**79.27**	**90.39**	**97.54**	**125.49**	**128.75**
	人工费(元)				51.30	55.35	60.75	71.55	78.30	99.90	102.60
	材料费(元)				0.56	0.67	0.93	1.25	1.65	2.72	3.06
	机械费(元)				17.59	17.59	17.59	17.59	17.59	22.87	23.09
组成内容			单位	单价	数量						
人工	综合工		工日	135.00	0.38	0.41	0.45	0.53	0.58	0.74	0.76
材料	钢制成品管件		个		(1)	(1)	(1)	(1)	(1)	(1)	(1)
	电焊条		kg	7.59	0.045	0.058	0.068	0.102	0.130	0.239	0.280
	氧气 $6m^3$		m^3	2.88	0.020	0.025	0.030	0.040	0.050	0.075	0.088
	乙炔气 5.5～6.5kg		m^3	16.13	0.01	0.01	0.02	0.02	0.03	0.04	0.04
	零星材料费		元					0.04	0.04	0.04	0.04
机械	电焊机 30kV•A		台班	87.97	0.20	0.20	0.20	0.20	0.20	0.26	0.26
	电动空气压缩机 $6m^3/min$		台班	217.48							0.001

工作内容：调运、坡口、对口、焊接、挖还耳子。　　　　**单位：**个

编号				2-32	2-33	2-34	2-35	2-36	2-37
项目				燃气管道钢制成品管件安装					
				电焊连接					
				*DN*100	*DN*125	*DN*150	*DN*200	*DN*250	*DN*300
预算基价	总价(元)			**319.67**	**381.67**	**392.04**	**516.32**	**584.11**	**679.76**
	人工费(元)			288.90	342.90	351.00	413.10	453.60	526.50
	材料费(元)			4.16	5.01	7.22	9.42	14.46	17.19
	机械费(元)			26.61	33.76	33.82	93.80	116.05	136.07
组成内容		**单位**	**单价**	**数量**					
人工	综合工	工日	135.00	2.14	2.54	2.60	3.06	3.36	3.90
材料	钢制成品管件	个		(1)	(1)	(1)	(1)	(1)	(1)
	电焊条	kg	7.59	0.371	0.450	0.659	0.858	1.401	1.664
	氧气 6m^3	m^3	2.88	0.116	0.141	0.189	0.246	0.335	0.398
	乙炔气 5.5～6.5kg	m^3	16.13	0.06	0.07	0.10	0.13	0.17	0.20
	零星材料费	元		0.04	0.06	0.06	0.10	0.12	0.19
机械	电焊机 30kV•A	台班	87.97	0.30	0.38	0.38	0.68	0.83	1.05
	电动空气压缩机 6m^3/min	台班	217.48	0.001	0.001	0.001	0.001	0.001	0.001
	汽车式起重机 10t	台班	838.68				0.04	0.05	0.05
	长材运输车 8t	台班	667.41					0.001	0.002
	小型机具	元			0.11	0.17	0.22	0.22	0.22

工作内容：调运、坡口、对口、焊接、挖还耳子。

单位：个

编号				2-38	2-39	2-40	2-41	2-42	2-43
项目				燃气管道钢制成品管件安装					
				电焊连接					
				*DN*350	*DN*400	*DN*450	*DN*500	*DN*600	*DN*700
预算基价	总价(元)			**781.93**	**900.65**	**1043.55**	**1098.08**	**1599.11**	**2012.10**
	人工费(元)			584.55	699.30	788.40	838.35	1209.60	1547.10
	材料费(元)			24.02	27.27	33.55	37.19	51.99	60.61
	机械费(元)			173.36	174.08	221.60	222.54	337.52	404.39
组成内容		**单位**	**单价**	**数量**					
人工	综合工	工日	135.00	4.33	5.18	5.84	6.21	8.96	11.46
材料	钢制成品管件	个		(1)	(1)	(1)	(1)	(1)	(1)
	电焊条	kg	7.59	2.392	2.724	3.345	3.703	5.287	6.142
	氧气 $6m^3$	m^3	2.88	0.508	0.578	0.710	0.786	1.027	1.193
	乙炔气 5.5～6.5kg	m^3	16.13	0.26	0.29	0.36	0.40	0.52	0.61
	零星材料费	元		0.21	0.25	0.31	0.37	0.52	0.72
机械	长材运输车 8t	台班	667.41	0.002	0.003	0.004	0.005	0.005	0.006
	汽车式起重机 10t	台班	838.68	0.07	0.07	0.11	0.11		
	汽车式起重机 20t	台班	1043.80					0.18	0.18
	电焊机 30kV·A	台班	87.97	1.28	1.28	1.43	1.43	1.65	2.40
	电动空气压缩机 $6m^3/min$	台班	217.48	0.002	0.002	0.002	0.003	0.003	0.004
	小型机具	元		0.28	0.33	0.44	0.50	0.50	0.50

4.钢管件现场制作、安装

工作内容：调运、切管、焊制管件、坡口、对口、焊接、挖还耳子。　　　　**单位：**个

编号				2-44	2-45	2-46	2-47	2-48	2-49	2-50	2-51
项目				燃气管道钢管件现场制作、安装							
				*DN*50	*DN*65	*DN*75	*DN*100	*DN*125	*DN*150	*DN*200	*DN*250
预算基价	总价(元)			**350.41**	**438.10**	**448.67**	**483.13**	**560.14**	**709.99**	**875.13**	**1100.18**
	人工费(元)			324.00	402.30	411.75	422.55	490.05	622.35	681.75	861.30
	材料费(元)			3.54	5.89	7.01	24.51	30.50	41.02	72.74	93.14
	机械费(元)			22.87	29.91	29.91	36.07	39.59	46.62	120.64	145.74
组成内容		**单位**	**单价**	**数量**							
人工	综合工	工日	135.00	2.40	2.98	3.05	3.13	3.63	4.61	5.05	6.38
材料	电焊条	kg	7.59	0.289	0.530	0.621	1.528	1.910	2.662	5.129	6.701
	氧气 $6m^3$	m^3	2.88	0.111	0.166	0.195	1.072	1.340	1.711	2.835	3.538
	乙炔气 5.5～6.5kg	m^3	16.13	0.06	0.08	0.10	0.59	0.73	0.95	1.54	1.92
	零星材料费	元		0.06	0.10	0.12	0.31	0.37	0.56	0.81	1.12
机械	电焊机 30kV·A	台班	87.97	0.26	0.34	0.34	0.41	0.45	0.53	0.99	1.18
	汽车式起重机 10t	台班	838.68							0.04	0.05

工作内容：调运、切管、焊制管件、坡口、对口、焊接、挖还耳子。 **单位：**个

编号				2-52	2-53	2-54	2-55	2-56	2-57	2-58
项目				燃气管道钢管件现场制作、安装						
				*DN*300	*DN*350	*DN*400	*DN*450	*DN*500	*DN*600	*DN*700
预算基价	总价(元)			**1211.88**	**1490.05**	**1645.59**	**1942.82**	**2034.83**	**2809.08**	**3251.75**
	人工费(元)			926.10	1124.55	1228.50	1455.30	1497.15	2077.65	2386.80
	材料费(元)			111.01	145.81	185.09	210.32	232.93	284.29	338.87
	机械费(元)			174.77	219.69	232.00	277.20	304.75	447.14	526.08
组成内容		**单位**	**单价**	**数量**						
人工	综合工	工日	135.00	6.86	8.33	9.10	10.78	11.09	15.39	17.68
材料	电焊条	kg	7.59	7.963	11.420	14.619	16.664	18.430	22.687	26.493
	氧气 6m³	m³	2.88	4.216	4.918	6.171	6.991	7.728	9.282	11.383
	乙炔气 5.5～6.5kg	m³	16.13	2.29	2.68	3.36	3.79	4.20	5.03	6.20
	零星材料费	元		1.49	1.74	2.16	2.57	3.04	4.23	5.00
机械	汽车式起重机 10t	台班	838.68	0.05	0.07	0.07	0.11	0.13		
	汽车式起重机 20t	台班	1043.80						0.20	0.20
	电焊机 30kV·A	台班	87.97	1.51	1.83	1.96	2.09	2.21	2.69	3.58
	电动空气压缩机 6m³/min	台班	217.48			0.004	0.005	0.006	0.008	0.011

5.燃气管道强度试验

工作内容： 制作盲板、堵管、安拆试压管线、试验检查、拆除盲板。 **单位：** 10m

编号				2-59	2-60	2-61	2-62	2-63	2-64	2-65
项目				燃气管道强度试验						
				*DN*50～*DN*75	*DN*100～*DN*150	*DN*200～*DN*250	*DN*300～*DN*350	*DN*400～*DN*500	*DN*600	*DN*700
预算基价	总价(元)			**47.26**	**57.07**	**67.01**	**84.66**	**103.72**	**132.40**	**145.02**
	人工费(元)			41.85	51.30	59.40	67.50	75.60	93.15	101.25
	材料费(元)			0.82	0.96	2.57	5.36	9.96	12.54	16.18
	机械费(元)			4.59	4.81	5.04	11.80	18.16	26.71	27.59
组成内容		单位	单价	数量						
人工	综合工	工日	135.00	0.31	0.38	0.44	0.50	0.56	0.69	0.75
材料	钢板(中厚)	t	3876.58	0.00010	0.00011	0.00043	0.00103	0.00207	0.00265	0.00342
	石棉橡胶板	kg	33.70	0.005	0.007	0.012	0.019	0.027	0.034	0.047
	电焊条	kg	7.59	0.010	0.014	0.037	0.042	0.077	0.090	0.118
	氧气 6m^3	m^3	2.88	0.01	0.01	0.02	0.03	0.04	0.04	0.04
	乙炔气 5.5～6.5kg	m^3	16.13	0.01	0.01	0.01	0.02	0.02	0.02	0.02
机械	电焊机 30kV·A	台班	87.97	0.015	0.015	0.015	0.015	0.015	0.020	0.025
	立式钻床 25mm	台班	6.78	0.001	0.002	0.003	0.004	0.005	0.006	0.007
	电动空气压缩机 6m^3/min	台班	217.48	0.015	0.016	0.017	0.018	0.021	0.022	0.024
	汽车式起重机 10t	台班	838.68				0.007	0.013		
	汽车式起重机 20t	台班	1043.80						0.018	0.018
	长材运输车 8t	台班	667.41				0.001	0.002	0.002	0.002

6.燃气管道气密性试验

工作内容：制作盲板、堵管、安拆试压管线、试验检查、拆除盲板。　　　　**单位：**10m

编号				2-66	2-67	2-68	2-69	2-70	2-71	2-72
项目				燃气管道气密性试验						
				*DN*50～*DN*75	*DN*100～*DN*150	*DN*200～*DN*250	*DN*300～*DN*350	*DN*400～*DN*500	*DN*600	*DN*700
预算基价	总价(元)			**39.16**	**43.57**	**48.11**	**61.71**	**79.42**	**97.30**	**101.82**
	人工费(元)			33.75	37.80	40.50	44.55	51.30	58.05	58.05
	材料费(元)			0.82	0.96	2.57	5.36	9.96	12.54	16.18
	机械费(元)			4.59	4.81	5.04	11.80	18.16	26.71	27.59
组成内容		**单位**	**单价**	**数量**						
人工	综合工	工日	135.00	0.25	0.28	0.30	0.33	0.38	0.43	0.43
材料	钢板(中厚)	t	3876.58	0.00010	0.00011	0.00043	0.00103	0.00207	0.00265	0.00342
	石棉橡胶板	kg	33.70	0.005	0.007	0.012	0.019	0.027	0.034	0.047
	电焊条	kg	7.59	0.010	0.014	0.037	0.042	0.077	0.090	0.118
	氧气 6m^3	m^3	2.88	0.01	0.01	0.02	0.03	0.04	0.04	0.04
	乙炔气 5.5～6.5kg	m^3	16.13	0.01	0.01	0.01	0.02	0.02	0.02	0.02
机械	电焊机 30kV•A	台班	87.97	0.015	0.015	0.015	0.015	0.015	0.020	0.025
	立式钻床 25mm	台班	6.78	0.001	0.002	0.003	0.004	0.005	0.006	0.007
	电动空气压缩机 6m^3/min	台班	217.48	0.015	0.016	0.017	0.018	0.021	0.022	0.024
	汽车式起重机 10t	台班	838.68				0.007	0.013		
	汽车式起重机 20t	台班	1043.80						0.018	0.018
	长材运输车 8t	台班	667.41				0.001	0.002	0.002	0.002

7.钢塑转换接头安装

工作内容：钢管接头焊接、塑料管接头焊接等操作过程。 **单位：**个

编号				2-73	2-74	2-75	2-76	2-77	2-78
项目				燃气管道钢塑转换件安装					
				D57×50	D108×75	D108×90	D108×110	D159×125	D159×150
预算基价	总价(元)			**37.97**	**66.82**	**74.58**	**81.96**	**95.06**	**101.49**
	人工费(元)			31.05	54.00	60.75	66.15	70.20	74.25
	材料费(元)			2.23	3.83	4.05	4.05	6.46	6.46
	机械费(元)			4.69	8.99	9.78	11.76	18.40	20.78
组成内容		单位	单价	数量					
人工	综合工	工日	135.00	0.23	0.40	0.45	0.49	0.52	0.55
材料	钢塑过渡接头	个		(1)	(1)	(1)	(1)	(1)	(1)
	氧气 6m^3	m^3	2.88	0.13	0.24	0.24	0.24	0.37	0.37
	乙炔气 5.5~6.5kg	m^3	16.13	0.04	0.08	0.08	0.08	0.12	0.12
	电焊条	kg	7.59	0.06	0.14	0.14	0.14	0.29	0.29
	尼龙砂轮片 D100	片	3.92	0.005	0.013	0.013	0.013	0.020	0.020
	三氯乙烯	kg	7.74	0.01	0.01	0.01	0.01	0.01	0.01
	清洁棉布	kg	21.94	0.03	0.03	0.04	0.04	0.05	0.05
机械	直流电焊机 20kW	台班	75.06	0.04	0.08	0.08	0.08	0.14	0.14
	电焊条烘干箱 60cm×50cm×75cm	台班	27.16	0.004	0.008	0.008	0.008	0.014	0.014
	电熔管件熔接机	台班	39.55	0.04	0.07	0.09	0.14	0.19	0.25

第二章　附 件 安 装

说　　明

一、钢管中用法兰盘连接的开口附件,基价分为接装成品钢管件和现场焊接安装法兰盘两种。现场焊接安装法兰盘基价包括焊接和连接法兰盘在内。接装成品钢管件指接装的成品钢管件已带有法兰盘,无须再行焊接;基价包括法兰盘连接,但不包括成品钢管件安装,成品钢管件安装可套相应子目。

二、凝水缸制作和安装应分别列项计算。制作子目按施工单位自制考虑。

三、法兰盘焊接和连接应分别列项计算。安装法兰堵板套用法兰盘连接子目时,应增加法兰堵板材料费。

四、法兰盘的螺栓用量按常规用量考虑。如因附件型号不同,螺栓的规格和数量可以换算。如设计要求使用不锈钢螺栓,可换算其价值,人工、机械不做调整。

五、各种附件安装前的防腐费用计入附件材料费内。安装附件的防腐费用计入管道防腐子目内,不另计算。

六、阀门解体检查:公称直径700mm以内按燃气阀门综合考虑、公称直径700mm以外按给水阀门综合考虑,不做调整。

七、各种调压器安装:

1.雷诺式调压器、T型调压器(TMJ、TMZ)安装为调压器成品安装,调压站内组装的各种管道、管件、各种阀门根据不同设计要求,按相应项目另行计算。

2.各类型调压器安装均不包括过滤器、萘油分离器(脱萘筒)、安全放散装置(包括水封)安装,发生时可执行相应项目另行计算。

3.本册基价过滤器、萘油分离器均按成品件考虑。

八、检漏管安装按套管钻眼攻丝方法考虑,已包括小井砌筑。

工程量计算规则

一、阀门、调长器、吹扫管(排气管)、凝水缸均按设计图示数量计算。

二、法兰盘焊接、法兰盘连接按设计图示数量计算(附件中已包括的除外)。

三、阀门解体检查按实际数量计算。

1.螺纹阀门安装

工作内容：切管、套丝、缠丝、抹油、安装阀门。

单位：个

编号				2-79	2-80	2-81	2-82	2-83
项目				燃气管道螺纹阀门安装				
				*DN*20	*DN*25	*DN*32	*DN*40	*DN*50
预算基价	总价(元)			**26.27**	**31.92**	**33.42**	**43.22**	**50.18**
	人工费(元)			25.65	31.05	32.40	41.85	48.60
	材料费(元)			0.62	0.87	1.02	1.37	1.58
组成内容		**单位**	**单价**	**数量**				
人工	综合工	工日	135.00	0.19	0.23	0.24	0.31	0.36
材料	阀门	个		(1)	(1)	(1)	(1)	(1)
	铅油(厚漆)	kg	9.80	0.015	0.020	0.030	0.040	0.045
	油麻	kg	16.48	0.004	0.005	0.007	0.009	0.010
	机油（综合）	kg	7.21	0.0035	0.0040	0.0050	0.0060	0.0080
	钢锯条	根	0.34	0.09	0.10	0.12	0.16	0.19
	棉纱	kg	16.11	0.01	0.02	0.02	0.03	0.03
	零星材料费	元		0.19	0.21	0.21	0.25	0.37

2.法兰闸安装

工作内容： 切管,焊接法兰盘、法兰连接、制垫加垫,换石棉盘根,油渗试验,安装阀门,挖还耳子。 **单位：** 个

编号				2-84	2-85	2-86	2-87	2-88	2-89	2-90
项目				燃气管道法兰闸安装						
				DN50	DN75	DN100	DN125	DN150	DN200	DN250
预算基价	总价(元)			**229.16**	**265.21**	**425.02**	**467.51**	**523.69**	**1147.53**	**1357.73**
	人工费(元)			140.40	140.40	256.50	256.50	256.50	734.40	565.65
	材料费(元)			71.17	102.82	142.13	177.58	233.76	353.31	628.52
	机械费(元)			17.59	21.99	26.39	33.43	33.43	59.82	163.56
组成内容		单位	单价	数量						
人工	综合工	工日	135.00	1.04	1.04	1.90	1.90	1.90	5.44	4.19
材料	法兰闸	个		(1)	(1)	(1)	(1)	(1)	(1)	(1)
	钢法兰盘	个		2×22.98	2×36.56	2×48.19	2×62.88	2×79.27	2×119.54	2×246.34
	带帽螺栓	套		8.16×1.46	8.16×1.46	16.32×1.46	16.32×1.46	16.32×2.59	24.48×2.59	24.48×2.59
	石棉橡胶板	kg	33.70	0.196	0.248	0.316	0.432	0.520	0.764	1.048
	石棉盘根	kg	31.14	0.080	0.080	0.080	0.080	0.080	0.107	0.107
	电焊条	kg	7.59	0.180	0.392	0.472	0.580	0.692	1.632	2.852
	氧气 $6m^3$	m^3	2.88	0.048	0.078	0.100	0.124	0.162	0.266	0.330
	乙炔气 5.5~6.5kg	m^3	16.13	0.02	0.04	0.05	0.06	0.08	0.13	0.17
	零星材料费	元		2.37	3.09	4.11	5.22	5.93	6.50	8.45
机械	电焊机 30kV·A	台班	87.97	0.20	0.25	0.30	0.38	0.38	0.68	0.83
	汽车式起重机 10t	台班	838.68							0.10
	长材运输车 8t	台班	667.41							0.01

工作内容：切管，焊接法兰盘、法兰连接、制垫加垫，换石棉盘根，油渗试验，安装阀门，挖还耳子。 **单位：**个

编号				2-91	2-92	2-93	2-94	2-95	2-96
项目				燃气管道法兰闸安装					
				*DN*300	*DN*350	*DN*400	*DN*500	*DN*600	*DN*700
预算基价	总价(元)			**1681.64**	**2513.48**	**3050.32**	**4915.44**	**5042.38**	**5328.61**
	人工费(元)			565.65	1080.00	1080.00	1624.05	1624.05	1624.05
	材料费(元)			882.76	1180.02	1634.70	2726.23	2731.26	2944.84
	机械费(元)			233.23	253.46	335.62	565.16	687.07	759.72
组成内容		**单位**	**单价**	**数量**					
人工	综合工	工日	135.00	4.19	8.00	8.00	12.03	12.03	12.03
材料	法兰闸	个		(1)	(1)	(1)	(1)	(1)	(1)
	钢法兰盘	个		2×365.92	2×487.00	2×689.44	2×1195.37	2×1109.10	2×1153.71
	带帽螺栓	套		24.48×2.59	32.64×2.59	32.64×3.42	40.80×3.42	40.80×6.26	48.96×6.26
	石棉橡胶板	kg	33.70	1.272	1.902	2.334	3.186	4.590	6.276
	石棉盘根	kg	31.14	0.127	0.127	0.161	0.267	0.288	0.300
	电焊条	kg	7.59	3.396	4.736	5.356	6.648	7.920	9.048
	氧气 6m^3	m^3	2.88	0.394	0.456	0.588	0.732	0.870	1.092
	乙炔气 5.5~6.5kg	m^3	16.13	0.20	0.23	0.29	0.37	0.44	0.55
	零星材料费	元		10.56	12.46	13.50	21.74	24.29	29.40
机械	汽车式起重机 10t	台班	838.68	0.16	0.16	0.25	0.50		
	汽车式起重机 20t	台班	1043.80					0.50	0.50
	电焊机 30kV·A	台班	87.97	1.05	1.28	1.28	1.43	1.65	2.40
	长材运输车 8t	台班	667.41	0.01	0.01	0.02	0.03	0.03	0.04

3.法兰闸和调长器安装

工作内容：切管，焊接法兰盘、法兰连接、制垫加垫，换石棉盘根，油渗试验，安装阀门、调长器，挖还耳子。 **单位：**组

	编　　号			2-97	2-98	2-99	2-100	2-101	2-102
	项　　目			燃气管道法兰闸和调长器联合安装					
				*DN*100	*DN*125	*DN*150	*DN*200	*DN*250	*DN*300
预算基价	总　　价(元)			**531.50**	**575.80**	**642.65**	**1336.94**	**1521.00**	**1848.80**
	人　工　费(元)			341.55	341.55	341.55	874.80	675.00	675.00
	材　料　费(元)			163.56	200.82	267.67	402.32	682.44	940.57
	机　械　费(元)			26.39	33.43	33.43	59.82	163.56	233.23
	组 成 内 容	**单位**	**单价**	**数　　量**					
人工	综合工	工日	135.00	2.53	2.53	2.53	6.48	5.00	5.00
材料	法兰闸	个		(1)	(1)	(1)	(1)	(1)	(1)
	调长器	个		(1)	(1)	(1)	(1)	(1)	(1)
	钢法兰盘	个		2×48.19	2×62.88	2×79.27	2×119.54	2×246.34	2×365.92
	带帽螺栓	套		24.48×1.46	24.48×1.46	24.48×2.59	36.72×2.59	36.72×2.59	36.72×2.59
	石棉橡胶板	kg	33.70	0.474	0.648	0.780	1.146	1.572	1.908
	石棉盘根	kg	31.14	0.080	0.080	0.080	0.107	0.107	0.127
	电焊条	kg	7.59	0.472	0.580	0.692	1.632	2.852	3.396
	氧气 6m^3	m^3	2.88	0.100	0.124	0.162	0.266	0.330	0.394
	乙炔气 5.5～6.5kg	m^3	16.13	0.05	0.06	0.08	0.13	0.17	0.20
	零星材料费	元		8.30	9.26	9.94	10.93	13.01	15.23
机械	电焊机 30kV·A	台班	87.97	0.30	0.38	0.38	0.68	0.83	1.05
	汽车式起重机 10t	台班	838.68					0.10	0.16
	长材运输车 8t	台班	667.41					0.01	0.01

工作内容：切管，焊接法兰盘、法兰连接、制垫加垫，换石棉盘根，油渗试验，安装阀门、调长器，挖还耳子。

单位：组

编号					2-103	2-104	2-105	2-106	2-107
项目					燃气管道法兰闸和调长器联合安装				
					*DN*350	*DN*400	*DN*500	*DN*600	*DN*700
预算基价	总价(元)				**2854.65**	**3412.75**	**5368.34**	**5579.07**	**5919.47**
	人工费(元)				1341.90	1341.90	1948.05	1948.05	1948.05
	材料费(元)				1259.29	1735.23	2855.13	2943.95	3211.70
	机械费(元)				253.46	335.62	565.16	687.07	759.72
组成内容			**单位**	**单价**	**数量**				
人工	综合工		工日	135.00	9.94	9.94	14.43	14.43	14.43
材料	法兰闸		个		(1)	(1)	(1)	(1)	(1)
	调长器		个		(1)	(1)	(1)	(1)	(1)
	钢法兰盘		个		2×487.00	2×689.44	2×1195.37	2×1109.10	2×1153.71
	带帽螺栓		套		48.96×2.59	48.96×3.42	61.20×3.42	61.20×6.26	73.44×6.26
	石棉橡胶板		kg	33.70	2.853	3.501	4.779	6.885	9.414
	石棉盘根		kg	31.14	0.127	0.161	0.267	0.288	0.300
	电焊条		kg	7.59	4.736	5.356	6.648	7.920	9.048
	氧气 $6m^3$		m^3	2.88	0.456	0.588	0.732	0.870	1.092
	乙炔气 5.5～6.5kg		m^3	16.13	0.23	0.29	0.37	0.44	0.55
	零星材料费		元		17.41	18.89	27.18	31.93	37.26
机械	汽车式起重机 10t		台班	838.68	0.16	0.25	0.50		
	汽车式起重机 20t		台班	1043.80				0.50	0.50
	电焊机 30kV·A		台班	87.97	1.28	1.28	1.43	1.65	2.40
	长材运输车 8t		台班	667.41	0.01	0.02	0.03	0.03	0.04

4.吹扫管、排气管安装

工作内容： 画线找正，钻眼，焊接吹扫管（排气管），安装球阀、管堵。 **单位：** 个

编号				2-108	2-109	2-110	2-111	2-112	2-113
项目				燃气管道吹扫管、排气管安装					
				*DN*15	*DN*20	*DN*25	*DN*32	*DN*40	*DN*50
预算基价	总价(元)			**71.30**	**77.28**	**86.33**	**98.23**	**117.26**	**133.43**
	人工费(元)			60.75	66.15	74.25	85.05	101.25	114.75
	材料费(元)			1.75	2.33	3.28	4.38	7.21	9.88
	机械费(元)			8.80	8.80	8.80	8.80	8.80	8.80
组成内容		**单位**	**单价**	**数量**					
人工	综合工	工日	135.00	0.45	0.49	0.55	0.63	0.75	0.85
材料	球阀	个		(1)	(1)	(1)	(1)	(1)	(1)
	焊接钢管	m		0.204×4.84	0.204×6.32	0.204×9.32	0.204×12.02	0.306×14.72	0.306×18.68
	玛铁管堵	个		1×0.60	1×0.68	1×0.96	1×1.47	1×2.06	1×3.40
	电焊条	kg	7.59	0.018	0.022	0.029	0.034	0.051	0.065
	氧气 6m³	m³	2.88	0.008	0.010	0.012	0.015	0.020	0.025
	乙炔气 5.5~6.5kg	m³	16.13		0.01	0.01	0.01	0.01	0.01
	零星材料费	元						0.04	0.04
机械	电焊机 30kV·A	台班	87.97	0.10	0.10	0.10	0.10	0.10	0.10

5.凝水缸制作

工作内容：下料、切管、焊接、组装成型、气压试验、刷沥青漆。 **单位：**个

编号					2-114	2-115	2-116	2-117	2-118	2-119	2-120
项目					燃气凝水缸制作						
					*DN*50	*DN*75	*DN*100	*DN*150	*DN*200	*DN*250	*DN*300
预算基价	总价(元)				**651.75**	**768.81**	**801.57**	**1026.04**	**1077.16**	**1138.09**	**1232.42**
	人工费(元)				395.55	440.10	457.65	572.40	584.55	588.60	600.75
	材料费(元)				129.38	162.50	177.71	265.43	304.40	337.26	419.44
	机械费(元)				126.82	166.21	166.21	188.21	188.21	212.23	212.23
组成内容			单位	单价	数量						
人工	综合工		工日	135.00	2.93	3.26	3.39	4.24	4.33	4.36	4.45
材料	焊接钢管 *DN*50		m	18.68	0.530	0.163	0.163	0.163	0.163	0.163	0.163
	焊接钢管		m			0.367×30.51	0.367×41.28				
	钢管		m		0.408×123.71(*DN*250)	0.408×137.52(*DN*300)	0.459×137.52(*DN*300)	0.510×162.88(*DN*350)	0.561×162.88(*DN*350)	0.612×162.88(*DN*350)	0.663×196.20(*DN*400)
	钢管		m					0.367×68.51	0.367×95.64	0.367×123.71	0.367×137.52
	钢板(中厚)		t	3876.58	0.0099	0.0141	0.0141	0.0237	0.0237	0.0237	0.0302
	电焊条		kg	7.59	1.90	2.31	2.48	3.08	4.03	4.82	6.26
	氧气 6m³		m³	2.88	1.378	1.709	1.965	3.400	4.620	5.334	6.271
	乙炔气 5.5～6.5kg		m³	16.13	0.69	0.85	0.98	1.70	2.31	2.67	3.14
	石油沥青 10#		kg	4.04	0.05	0.07	0.07	0.09	0.10	0.11	0.13
	汽油 90#		kg	7.16	0.01	0.01	0.02	0.02	0.02	0.03	0.03
	零星材料费		元		0.83	0.97	1.02	1.20	1.30	1.58	1.81
机械	电焊机 30kV·A		台班	87.97	0.70	0.95	0.95	1.20	1.20	1.30	1.30
	电动空气压缩机 6m³/min		台班	217.48	0.30	0.38	0.38	0.38	0.38	0.45	0.45

工作内容：下料、切管、焊接、组装成型、气压试验、刷沥青漆。　　　　**单位：**个

编号				2-121	2-122	2-123	2-124	2-125	2-126
项目				燃气凝水缸制作					
				*DN*350	*DN*400	*DN*450	*DN*500	*DN*600	*DN*700
预算基价	总价(元)			**1273.82**	**1355.61**	**1462.75**	**1638.65**	**1974.92**	**2234.67**
	人工费(元)			606.15	625.05	645.30	665.55	703.35	742.50
	材料费(元)			455.44	481.07	567.96	688.42	938.75	1141.76
	机械费(元)			212.23	249.49	249.49	284.68	332.82	350.41
组成内容		**单位**	**单价**	**数量**					
人工	综合工	工日	135.00	4.49	4.63	4.78	4.93	5.21	5.50
材料	焊接钢管 *DN*50	m	18.68	0.163	0.163	0.163	0.163	0.163	0.163
	钢管	m		0.367×162.88	1.442×196.20	1.573×214.93	1.704×238.44	1.858×311.91	1.996×352.63
	钢管 *DN*400	m	196.20	0.714					
	钢板(中厚)	t	3876.58	0.0302	0.0151	0.0190	0.0279	0.0396	0.0518
	电焊条	kg	7.59	7.11	7.03	7.87	8.69	10.28	11.87
	氧气 $6m^3$	m^3	2.88	7.202	7.299	8.167	9.152	10.765	12.378
	乙炔气 5.5～6.5kg	m^3	16.13	3.60	3.65	4.08	4.58	5.43	6.27
	石油沥青 10#	kg	4.04	0.14	0.19	0.23	0.27	0.36	0.44
	汽油 90#	kg	7.16	0.03	0.04	0.05	0.06	0.08	0.10
	零星材料费	元		1.90	2.26	2.82	3.21	4.02	4.69
机械	电焊机 30kV·A	台班	87.97	1.30	1.60	1.60	2.00	2.30	2.50
	电动空气压缩机 $6m^3/min$	台班	217.48	0.45	0.50	0.50	0.50	0.60	0.60

6.凝水缸安装

工作内容：管件预加工(法兰堵板打眼或加工补径)、组装、气压试验,现场画线,切管,找正,焊接,组装,挖还耳子。 **单位：**个

编号				2-127	2-128	2-129	2-130	2-131	2-132
项目				燃气凝水缸安装					
				低压					
				*DN*50	*DN*75	*DN*100	*DN*150	*DN*200	*DN*250
预算基价	总价(元)			**1235.72**	**1259.97**	**1343.96**	**1353.87**	**1382.42**	**1495.62**
	人工费(元)			962.69	962.69	1042.07	1042.07	1042.07	1121.31
	材料费(元)			165.56	167.13	168.22	171.10	173.26	178.80
	机械费(元)			107.47	130.15	133.67	140.70	167.09	195.51
组成内容		单位	单价	数量					
人工	综合工	工日	135.00	7.131	7.131	7.719	7.719	7.719	8.306
材料	凝水缸	个		(1)	(1)	(1)	(1)	(1)	(1)
	旋塞 *DN*20	个	53.30	1	1	1	1	1	1
	焊接钢管 *DN*20	m	6.32	2.55	2.55	2.55	2.55	2.55	2.55
	焊接钢管 *DN*50	m	18.68	1.02	1.02	1.02	1.02	1.02	1.02
	玛铁管堵 *DN*20	个	0.68	1	1	1	1	1	1
	钢法兰盘 *DN*50	个	22.98	1	1	1	1	1	1
	钢法兰堵板 *DN*50	个	39.84	1	1	1	1	1	1
	带帽螺栓 M16×75	套	1.46	4.08	4.08	4.08	4.08	4.08	4.08
	石棉橡胶板	kg	33.70	0.098	0.098	0.098	0.098	0.098	0.098
	电焊条	kg	7.59	0.375	0.525	0.616	0.904	1.103	1.646
	氧气 6m^3	m^3	2.88	0.123	0.161	0.189	0.262	0.319	0.408
	乙炔气 5.5~6.5kg	m^3	16.13	0.06	0.08	0.10	0.13	0.16	0.21
	零星材料费	元		0.16	0.16	0.16	0.16	0.16	0.52
机械	电焊机 30kV·A	台班	87.97	0.48	0.54	0.58	0.66	0.96	1.11
	电动空气压缩机 6m^3/min	台班	217.48	0.30	0.38	0.38	0.38	0.38	0.45

工作内容： 管件预加工(法兰堵板打眼或加工补径)、组装、气压试验，现场画线，切管，找正，焊接，组装，挖还耳子。　　　**单位：** 个

编号				2-133	2-134	2-135	2-136	2-137
项目				燃气凝水缸安装				
				低压				
				*DN*300	*DN*350	*DN*400	*DN*450	*DN*500
预算基价	总价(元)			**1517.65**	**1544.69**	**1707.26**	**1777.57**	**1781.16**
	人工费(元)			1121.31	1121.31	1269.81	1269.81	1269.81
	材料费(元)			181.47	188.28	191.48	198.27	201.86
	机械费(元)			214.87	235.10	245.97	309.49	309.49
组成内容		**单位**	**单价**	**数量**				
人工	综合工	工日	135.00	8.306	8.306	9.406	9.406	9.406
材料	凝水缸	个		(1)	(1)	(1)	(1)	(1)
	旋塞 *DN*20	个	53.30	1	1	1	1	1
	焊接钢管 *DN*20	m	6.32	2.55	2.55	2.55	2.55	2.55
	焊接钢管 *DN*50	m	18.68	1.02	1.02	1.02	1.02	1.02
	玛铁管堵 *DN*20	个	0.68	1	1	1	1	1
	钢法兰盘 *DN*50	个	22.98	1	1	1	1	1
	钢法兰堵板 *DN*50	个	39.84	1	1	1	1	1
	带帽螺栓 M16×75	套	1.46	4.08	4.08	4.08	4.08	4.08
	石棉橡胶板	kg	33.70	0.098	0.098	0.098	0.098	0.098
	电焊条	kg	7.59	1.909	2.637	2.969	3.590	3.948
	氧气 6m^3	m^3	2.88	0.471	0.581	0.651	0.783	0.859
	乙炔气 5.5～6.5kg	m^3	16.13	0.24	0.30	0.33	0.40	0.44
	零星材料费	元		0.52	0.52	0.52	1.09	1.09
机械	电焊机 30kV·A	台班	87.97	1.33	1.56	1.56	1.71	1.71
	电动空气压缩机 6m^3/min	台班	217.48	0.45	0.45	0.50	0.50	0.50
	汽车式起重机 10t	台班	838.68				0.06	0.06

工作内容：管件预加工(法兰堵板打眼或加工补径)、组装、气压试验，现场画线，切管，找正，焊接，组装，挖还耳子。 **单位：**个

编号				2-138	2-139	2-140	2-141	2-142	2-143	2-144
项目				燃气凝水缸安装						
				中压乙型						
				*DN*50	*DN*75	*DN*100	*DN*150	*DN*200	*DN*250	*DN*300
预算基价	总价(元)			**1556.71**	**1580.96**	**1813.46**	**1823.37**	**1851.92**	**2113.79**	**2135.81**
	人工费(元)			1222.16	1222.16	1450.04	1450.04	1450.04	1677.92	1677.92
	材料费(元)			227.08	228.65	229.75	232.63	234.79	240.36	243.02
	机械费(元)			107.47	130.15	133.67	140.70	167.09	195.51	214.87
组成内容		**单位**	**单价**	**数量**						
人工	综合工	工日	135.00	9.053	9.053	10.741	10.741	10.741	12.429	12.429
材料	凝水缸	个		(1)	(1)	(1)	(1)	(1)	(1)	(1)
	旋塞 *DN*20	个	53.30	2	2	2	2	2	2	2
	焊接钢管 *DN*20	m	6.32	2.04	2.04	2.04	2.04	2.04	2.04	2.04
	焊接钢管 *DN*50	m	18.68	1.02	1.02	1.02	1.02	1.02	1.02	1.02
	镀锌弯头 *DN*20	个	1.54	1	1	1	1	1	1	1
	玛铁三通 *DN*20	个	1.49	2	2	2	2	2	2	2
	玛铁活接头 *DN*20	个	5.37	1	1	1	1	1	1	1
	玛铁管堵 *DN*20	个	0.68	2	2	2	2	2	2	2
	钢法兰盘 *DN*50	个	22.98	1	1	1	1	1	1	1
	钢法兰堵板 *DN*50	个	39.84	1	1	1	1	1	1	1
	带帽螺栓 M16×75	套	1.46	4.08	4.08	4.08	4.08	4.08	4.08	4.08
	石棉橡胶板	kg	33.70	0.098	0.098	0.098	0.098	0.098	0.098	0.098
	电焊条	kg	7.59	0.375	0.525	0.616	0.904	1.103	1.646	1.909
	氧气 $6m^3$	m^3	2.88	0.123	0.161	0.189	0.262	0.319	0.408	0.471
	乙炔气 5.5～6.5kg	m^3	16.13	0.06	0.08	0.10	0.13	0.16	0.21	0.24
	零星材料费	元		1.04	1.04	1.04	1.04	1.04	1.43	1.43
机械	电焊机 30kV·A	台班	87.97	0.48	0.54	0.58	0.66	0.96	1.11	1.33
	电动空气压缩机 $6m^3/min$	台班	217.48	0.30	0.38	0.38	0.38	0.38	0.45	0.45

工作内容：管件预加工(法兰堵板打眼或加工补径)、组装、气压试验,现场画线,切管,找正,焊接,组装,挖还耳子。 **单位：**个

编号				2-145	2-146	2-147	2-148	2-149	2-150
项目				燃气凝水缸安装					
				中压乙型					
				*DN*350	*DN*400	*DN*450	*DN*500	*DN*600	*DN*700
预算基价	总价(元)			**2162.85**	**2176.93**	**2247.21**	**2424.53**	**2523.90**	**2598.40**
	人工费(元)			1677.92	1677.92	1677.92	1851.66	1851.66	1851.66
	材料费(元)			249.83	253.04	259.80	263.38	278.03	286.55
	机械费(元)			235.10	245.97	309.49	309.49	394.21	460.19
组成内容		**单位**	**单价**	**数量**					
人工	综合工	工日	135.00	12.429	12.429	12.429	13.716	13.716	13.716
材料	凝水缸	个		(1)	(1)	(1)	(1)	(1)	(1)
	旋塞 *DN*20	个	53.30	2	2	2	2	2	2
	焊接钢管 *DN*20	m	6.32	2.04	2.04	2.04	2.04	2.04	2.04
	焊接钢管 *DN*50	m	18.68	1.02	1.02	1.02	1.02	1.02	1.02
	镀锌弯头 *DN*20	个	1.54	1	1	1	1	1	1
	玛铁三通 *DN*20	个	1.49	2	2	2	2	2	2
	玛铁活接头 *DN*20	个	5.37	1	1	1	1	1	1
	玛铁管堵 *DN*20	个	0.68	2	2	2	2	2	2
	钢法兰盘 *DN*50	个	22.98	1	1	1	1	1	1
	钢法兰堵板 *DN*50	个	39.84	1	1	1	1	1	1
	带帽螺栓 M16×75	套	1.46	4.08	4.08	4.08	4.08	4.08	4.08
	石棉橡胶板	kg	33.70	0.098	0.098	0.098	0.098	0.098	0.098
	电焊条	kg	7.59	2.637	2.969	3.590	3.948	5.532	6.387
	氧气 6m^3	m^3	2.88	0.581	0.651	0.783	0.859	1.100	1.266
	乙炔气 5.5~6.5kg	m^3	16.13	0.30	0.33	0.40	0.44	0.56	0.65
	零星材料费	元		1.43	1.43	1.97	1.97	1.97	2.07
机械	电焊机 30kV•A	台班	87.97	1.56	1.56	1.71	1.71	1.93	2.68
	电动空气压缩机 6m^3/min	台班	217.48	0.45	0.50	0.50	0.50	0.60	0.60
	汽车式起重机 10t	台班	838.68			0.06	0.06		
	汽车式起重机 20t	台班	1043.80					0.09	0.09

工作内容：管件预加工（法兰堵板打眼或加工补径）、组装、气压试验，现场画线，切管，找正，焊接，组装，挖还耳子。 **单位：**个

编号				2-151	2-152	2-153	2-154	2-155	2-156	2-157
项目				燃气凝水缸安装						
				中压甲型						
				*DN*50	*DN*75	*DN*100	*DN*150	*DN*200	*DN*250	*DN*300
预算基价	总价(元)			**1671.70**	**1695.95**	**1928.44**	**1938.35**	**1966.90**	**2228.76**	**2250.78**
	人工费(元)			1340.28	1340.28	1568.16	1568.16	1568.16	1796.04	1796.04
	材料费(元)			223.95	225.52	226.61	229.49	231.65	237.21	239.87
	机械费(元)			107.47	130.15	133.67	140.70	167.09	195.51	214.87
	组成内容	**单位**	**单价**	**数量**						
人工	综合工	工日	135.00	9.928	9.928	11.616	11.616	11.616	13.304	13.304
材料	凝水缸	个		(1)	(1)	(1)	(1)	(1)	(1)	(1)
	旋塞 *DN*20	个	53.30	2	2	2	2	2	2	2
	焊接钢管 *DN*20	m	6.32	2.04	2.04	2.04	2.04	2.04	2.04	2.04
	焊接钢管 *DN*50	m	18.68	1.16	1.16	1.16	1.16	1.16	1.16	1.16
	镀锌弯头 *DN*20	个	1.54	1	1	1	1	1	1	1
	玛铁三通 *DN*20	个	1.49	2	2	2	2	2	2	2
	玛铁三通 *DN*50×20	个	6.05	1	1	1	1	1	1	1
	玛铁活接头 *DN*20	个	5.37	1	1	1	1	1	1	1
	玛铁补径 *DN*50×20	个	4.92	1	1	1	1	1	1	1
	玛铁管堵 *DN*20	个	0.68	2	2	2	2	2	2	2
	钢法兰盘 *DN*50	个	22.98	2	2	2	2	2	2	2
	带帽螺栓 M16×75	套	1.46	4.08	4.08	4.08	4.08	4.08	4.08	4.08
	石棉橡胶板	kg	33.70	0.098	0.098	0.098	0.098	0.098	0.098	0.098
	电焊条	kg	7.59	0.375	0.525	0.616	0.904	1.103	1.646	1.909
	氧气 6m^3	m^3	2.88	0.123	0.161	0.189	0.262	0.319	0.408	0.471
	乙炔气 5.5~6.5kg	m^3	16.13	0.06	0.08	0.10	0.13	0.16	0.21	0.24
	零星材料费	元		1.18	1.18	1.18	1.18	1.18	1.55	1.55
机械	电焊机 30kV·A	台班	87.97	0.48	0.54	0.58	0.66	0.96	1.11	1.33
	电动空气压缩机 6m^3/min	台班	217.48	0.30	0.38	0.38	0.38	0.38	0.45	0.45

工作内容：管件预加工(法兰堵板打眼或加工补径)、组装、气压试验,现场画线,切管,找正,焊接,组装,挖还耳子。 **单位：**个

编号				2-158	2-159	2-160	2-161	2-162	2-163
项目				燃气凝水缸安装					
				中压甲型					
				*DN*350	*DN*400	*DN*450	*DN*500	*DN*600	*DN*700
预算基价	总价(元)			**2277.82**	**2291.89**	**2362.20**	**2539.53**	**2638.90**	**2713.42**
	人工费(元)			1796.04	1796.04	1796.04	1969.79	1969.79	1969.79
	材料费(元)			246.68	249.88	256.67	260.25	274.90	283.44
	机械费(元)			235.10	245.97	309.49	309.49	394.21	460.19
组成内容		**单位**	**单价**	**数量**					
人工	综合工	工日	135.00	13.304	13.304	13.304	14.591	14.591	14.591
材料	凝水缸	个		(1)	(1)	(1)	(1)	(1)	(1)
	旋塞 *DN*20	个	53.30	2	2	2	2	2	2
	焊接钢管 *DN*20	m	6.32	2.04	2.04	2.04	2.04	2.04	2.04
	焊接钢管 *DN*50	m	18.68	1.16	1.16	1.16	1.16	1.16	1.16
	镀锌弯头 *DN*20	个	1.54	1	1	1	1	1	1
	玛铁三通 *DN*20	个	1.49	2	2	2	2	2	2
	玛铁三通 *DN*50×20	个	6.05	1	1	1	1	1	1
	玛铁活接头 *DN*20	个	5.37	1	1	1	1	1	1
	玛铁补径 *DN*50×20	个	4.92	1	1	1	1	1	1
	玛铁管堵 *DN*20	个	0.68	2	2	2	2	2	2
	钢法兰盘 *DN*50	个	22.98	2	2	2	2	2	2
	带帽螺栓 M16×75	套	1.46	4.08	4.08	4.08	4.08	4.08	4.08
	石棉橡胶板	kg	33.70	0.098	0.098	0.098	0.098	0.098	0.098
	电焊条	kg	7.59	2.637	2.969	3.590	3.948	5.532	6.387
	氧气 6m^3	m^3	2.88	0.581	0.651	0.783	0.859	1.100	1.266
	乙炔气 5.5~6.5kg	m^3	16.13	0.30	0.33	0.40	0.44	0.56	0.65
	零星材料费	元		1.55	1.55	2.11	2.11	2.11	2.23
机械	电焊机 30kV•A	台班	87.97	1.56	1.56	1.71	1.71	1.93	2.68
	电动空气压缩机 6m^3/min	台班	217.48	0.45	0.50	0.50	0.50	0.60	0.60
	汽车式起重机 10t	台班	838.68			0.06	0.06		
	汽车式起重机 20t	台班	1043.80					0.09	0.09

7.法兰盘焊接

工作内容：切管、找正、焊接。

单位：个

编号				2-164	2-165	2-166	2-167	2-168	2-169	2-170
项目				燃气管道法兰盘焊接						
				*DN*50	*DN*75	*DN*100	*DN*125	*DN*150	*DN*200	*DN*250
预算基价	总价(元)			**17.81**	**26.86**	**29.12**	**39.82**	**40.46**	**75.42**	**87.71**
	人工费(元)			8.10	13.50	13.50	20.25	20.25	37.80	37.80
	材料费(元)			0.91	1.92	2.42	2.86	3.50	7.71	12.96
	机械费(元)			8.80	11.44	13.20	16.71	16.71	29.91	36.95
组成内容		**单位**	**单价**	**数量**						
人工	综合工	工日	135.00	0.06	0.10	0.10	0.15	0.15	0.28	0.28
材料	钢法兰盘	个		(1)	(1)	(1)	(1)	(1)	(1)	(1)
	电焊条	kg	7.59	0.090	0.196	0.236	0.290	0.346	0.816	1.426
	氧气 6m³	m³	2.88	0.024	0.039	0.050	0.062	0.081	0.133	0.165
	乙炔气 5.5~6.5kg	m³	16.13	0.01	0.02	0.03	0.03	0.04	0.07	0.08
	零星材料费	元								0.37
机械	电焊机 30kV•A	台班	87.97	0.10	0.13	0.15	0.19	0.19	0.34	0.42

工作内容：切管、找正、焊接。 **单位：**个

编号					2-171	2-172	2-173	2-174	2-175	2-176	2-177
项目					燃气管道法兰盘焊接						
					*DN*300	*DN*350	*DN*400	*DN*450	*DN*500	*DN*600	*DN*700
预算基价	总价(元)				**129.56**	**144.57**	**159.91**	**170.40**	**178.51**	**220.86**	**295.36**
	人工费(元)				67.50	67.50	79.65	79.65	85.05	112.05	148.50
	材料费(元)				15.44	20.77	23.96	27.41	30.12	35.79	41.30
	机械费(元)				46.62	56.30	56.30	63.34	63.34	73.02	105.56
组成内容		**单位**	**单价**		**数量**						
人工	综合工	工日	135.00		0.50	0.50	0.59	0.59	0.63	0.83	1.10
材料	钢法兰盘	个			(1)	(1)	(1)	(1)	(1)	(1)	(1)
	电焊条	kg	7.59		1.698	2.368	2.678	3.002	3.324	3.960	4.524
	氧气 6m³	m³	2.88		0.197	0.228	0.294	0.330	0.366	0.435	0.546
	乙炔气 5.5~6.5kg	m³	16.13		0.10	0.11	0.15	0.17	0.18	0.22	0.27
	零星材料费	元			0.37	0.37	0.37	0.93	0.93	0.93	1.04
机械	电焊机 30kV·A	台班	87.97		0.53	0.64	0.64	0.72	0.72	0.83	1.20

8.法兰盘连接

工作内容： 制垫加垫、紧螺栓、挖还耳子。 **单位：** 副

编号				2-178	2-179	2-180	2-181	2-182	2-183	2-184
项目				燃气管道法兰盘连接						
				DN50	DN75	DN100	DN125	DN150	DN200	DN250
预算基价	总价(元)			**20.95**	**22.08**	**29.39**	**34.43**	**45.26**	**65.55**	**70.42**
	人工费(元)			10.80	10.80	10.80	13.50	13.50	18.90	18.90
	材料费(元)			10.15	11.28	18.59	20.93	31.76	46.65	51.52
组成内容		**单位**	**单价**	**数量**						
人工	综合工	工日	135.00	0.08	0.08	0.08	0.10	0.10	0.14	0.14
材料	带帽螺栓	套		4.08×1.46	4.08×1.46	8.16×1.46	8.16×1.46	8.16×2.59	12.24×2.59	12.24×2.59
	石棉橡胶板	kg	33.70	0.098	0.124	0.158	0.216	0.260	0.382	0.524
	零星材料费	元		0.89	1.14	1.35	1.74	1.86	2.07	2.16

工作内容：制垫加垫、紧螺栓、挖还耳子。 **单位：**副

编号				2-185	2-186	2-187	2-188	2-189	2-190	2-191
项目				燃气管道法兰盘连接						
				*DN*300	*DN*350	*DN*400	*DN*450	*DN*500	*DN*600	*DN*700
预算基价	总价(元)			**89.45**	**110.97**	**157.63**	**178.04**	**193.20**	**284.75**	**350.35**
	人工费(元)			33.75	33.75	59.40	59.40	64.80	74.25	85.05
	材料费(元)			55.70	77.22	98.23	118.64	128.40	210.50	265.30
组成内容		**单位**	**单价**	**数量**						
人工	综合工	工日	135.00	0.25	0.25	0.44	0.44	0.48	0.55	0.63
材料	带帽螺栓	套		12.24×2.59	16.32×2.59	16.32×3.42	20.40×3.42	20.40×3.42	20.40×6.26	24.48×6.26
	石棉橡胶板	kg	33.70	0.636	0.951	1.167	1.355	1.593	2.295	3.138
	零星材料费	元		2.57	2.90	3.09	3.21	4.95	5.45	6.30

9. 盲(堵)板安装

工作内容：切管、坡口、对口、焊接、上法兰、找平、找正，制垫加垫、紧螺栓、压力试验等操作过程。

单位：组

编号				2-192	2-193	2-194	2-195	2-196	2-197	2-198	2-199	2-200	2-201
项目				盲(堵)板安装									
				*DN*50以内	*DN*100以内	*DN*150以内	*DN*200以内	*DN*300以内	*DN*400以内	*DN*500以内	*DN*600以内	*DN*800以内	*DN*1000以内
预算基价	总价(元)			**29.39**	**43.87**	**57.64**	**98.19**	**162.14**	**238.97**	**283.73**	**313.16**	**433.64**	**627.09**
	人工费(元)			23.76	32.13	40.10	68.18	110.97	167.27	196.43	217.89	310.50	399.87
	材料费(元)			3.30	7.37	11.32	16.09	26.51	42.45	50.90	55.45	71.33	85.68
	机械费(元)			2.33	4.37	6.22	13.92	24.66	29.25	36.40	39.82	51.81	141.54
组成内容		**单位**	**单价**	**数量**									
人工	综合工	工日	135.00	0.176	0.238	0.297	0.505	0.822	1.239	1.455	1.614	2.300	2.962
材料	盲堵板	个		(1)	(1)	(1)	(1)	(1)	(1)	(1)	(1)	(1)	(1)
	平焊法兰	片		(1)	(1)	(1)	(1)	(1)	(1)	(1)	(1)	(1)	(1)
	电焊条	kg	7.59	0.057	0.156	0.247	0.556	1.428	2.407	2.993	3.780	4.860	6.046
	氧气 $6m^3$	m^3	2.88	0.036	0.073	0.122	0.203	0.300	0.445	0.512	0.619	0.688	0.842
	乙炔气 5.5～6.5kg	m^3	16.13	0.012	0.024	0.041	0.068	0.100	0.149	0.171	0.207	0.229	0.281
	尼龙砂轮片 *D*100	片	3.92	0.016	0.037	0.082	0.115	0.235	0.397	0.498	0.585	0.773	0.964
	石棉橡胶板 低压 δ0.8～6.0	kg	19.35	0.07	0.17	0.28	0.33	0.40	0.69	0.83	0.84	1.16	1.31
	铅油(厚漆)	kg	9.80	0.04	0.10	0.14	0.17	0.25	0.30	0.33			
	清油	kg	15.06	0.01	0.02	0.03	0.03	0.05	0.06	0.06	0.06	0.07	0.07
	机油（综合）	kg	7.21	0.07	0.10	0.10	0.15	0.15	0.20	0.20	0.25	0.25	0.30
	破布	kg	5.07	0.02	0.03	0.03	0.03	0.05	0.06	0.07	0.07	0.08	0.09
	黑铅粉	kg	0.44								0.060	0.070	0.070
机械	直流电焊机 20kW	台班	75.06	0.030	0.056	0.080	0.179	0.317	0.376	0.468	0.512	0.666	0.828
	电焊条烘干箱 60cm×50cm×75cm	台班	27.16	0.003	0.006	0.008	0.018	0.032	0.038	0.047	0.051	0.067	0.083
	载货汽车 5t	台班	443.55										0.018
	汽车式起重机 12t	台班	864.36										0.080

10. 阀门解体检查

工作内容： 解体、检查、清洗、水压试验。　　**单位：** 个

编号				2-202	2-203	2-204	2-205	2-206	2-207	2-208	2-209
项目				阀门解体检查							
				DN100以内	DN150以内	DN200以内	DN300以内	DN400以内	DN500以内	DN600以内	DN800以内
预算基价	总价(元)			**56.39**	**74.41**	**117.64**	**181.60**	**398.69**	**556.11**	**980.81**	**1366.76**
	人工费(元)			47.25	63.45	105.30	166.05	378.00	529.20	529.20	907.20
	材料费(元)			4.76	5.33	6.71	9.17	13.06	18.53	23.65	30.85
	机械费(元)			4.38	5.63	5.63	6.38	7.63	8.38	427.96	428.71
组成内容		**单位**	**单价**	**数量**							
人工	综合工	工日	135.00	0.350	0.470	0.780	1.230	2.800	3.920	3.920	6.720
材料	冷拔无缝钢管 D22×2.5	m	6.23	0.04	0.04	0.04	0.04	0.04	0.04	0.04	0.04
	胶管 D25	m	27.86	0.01	0.01	0.01	0.01	0.01	0.01	0.01	0.01
	截止阀 J11T-16 DN15	个	18.18	0.01	0.01	0.01	0.01	0.01	0.01	0.01	0.01
	钢板(中厚)	t	3876.58	0.00003	0.00005	0.00007	0.00013	0.00021	0.00031	0.00067	0.00094
	电焊条	kg	7.59	0.014	0.014	0.014	0.014	0.014	0.014	0.014	0.014
	气焊条	kg	7.33	0.01	0.01	0.01	0.01	0.01	0.01	0.01	0.01
	氧气 6m^3	m^3	2.88	0.02	0.02	0.02	0.02	0.02	0.02	0.02	0.02
	乙炔气 5.5～6.5kg	m^3	16.13	0.02	0.02	0.02	0.02	0.02	0.02	0.02	0.02
	石棉橡胶板	kg	33.70	0.009	0.016	0.023	0.038	0.070	0.096	0.138	0.188
	石棉盘根	kg	31.14	0.080	0.080	0.107	0.127	0.161	0.267	0.288	0.300
	水	m^3	7.62	0.030	0.054	0.084	0.215	0.405	0.510	0.728	1.249
	零星材料费	元		0.35	0.42	0.42	0.52	0.52	0.62	0.62	0.74
机械	电焊机 30kV·A	台班	87.97	0.03	0.03	0.03	0.03	0.03	0.03	0.03	0.03
	试压泵 60MPa	台班	24.94	0.07	0.12	0.12	0.15	0.20	0.23	0.24	0.27
	汽车式起重机 10t	台班	838.68							0.50	0.50

11.调压器安装

工作内容：安装、调试等操作过程。

单位：组

编号					2-210	2-211	2-212	2-213
项目					燃气雷诺调压器			
					LN100	LN150	LN200	LN300
预算基价	总价(元)				**1325.32**	**1733.24**	**2290.68**	**3629.63**
	人工费(元)				1221.75	1599.75	2104.65	3334.50
	材料费(元)				34.04	60.21	96.10	181.87
	机械费(元)				69.53	73.28	89.93	113.26
组成内容		**单位**	**单价**		**数量**			
人工	综合工	工日	135.00		9.05	11.85	15.59	24.70
材料	雷诺调压器	台			(1)	(1)	(1)	(1)
	碳钢法兰	片			(4)	(4)	(4)	(4)
	热轧一般无缝钢管	m			0.410×52.59	0.410×100.55	0.410×162.97	0.410×290.24
	耐酸橡胶板 δ3	kg	7.57		0.52	0.83	1.00	1.20
	氧气 6m³	m³	2.88		0.38	0.66	1.03	1.84
	乙炔气 5.5～6.5kg	m³	16.13		0.09	0.26	0.40	0.71
	电焊条	kg	7.59		0.790	0.870	1.620	4.880
机械	直流电焊机 20kW	台班	75.06		0.55	0.60	0.70	1.00
	电焊条烘干箱 60cm×50cm×75cm	台班	27.16		0.06	0.06	0.07	0.10
	载货汽车 5t	台班	443.55		0.06	0.06	0.08	0.08

工作内容： 安装、调试等操作过程。 **单位：** 组

编号					2-214	2-215	2-216	2-217
项目					燃气T型调压器			
					TMJ314	TMJ316	TMJ318	TMJ439
预算基价	总价(元)				**592.49**	**811.75**	**1008.38**	**1473.20**
	人工费(元)				498.15	680.40	827.55	1177.20
	材料费(元)				38.26	66.94	104.21	191.61
	机械费(元)				56.08	64.41	76.62	104.39
组成内容			**单位**	**单价**	**数量**			
人工	综合工		工日	135.00	3.69	5.04	6.13	8.72
材料	T型调压器		台		(1)	(1)	(1)	(1)
	碳钢法兰		片		(4)	(4)	(4)	(4)
	热轧一般无缝钢管		m		0.41×52.59(*D*108×4.5)	0.41×100.55(*D*159×6)	0.41×162.97(*D*219×8)	0.41×290.24(*D*325×8)
	石棉橡胶板 δ3		kg	15.68	0.52	0.83	1.00	1.20
	氧气 6m³		m³	2.88	0.38	0.66	1.03	1.84
	乙炔气 5.5～6.5kg		m³	16.13	0.09	0.26	0.40	0.71
	电焊条		kg	7.59	0.79	0.87	1.62	4.88
机械	直流电焊机 20kW		台班	75.06	0.55	0.60	0.70	1.00
	电焊条烘干箱 60cm×50cm×75cm		台班	27.16	0.055	0.060	0.070	0.100
	载货汽车 5t		台班	443.55	0.03	0.04	0.05	0.06

工作内容：进管、出管焊接，调试，调压箱体固定安装等操作过程。　　　　**单位：**组

编号				2-218	2-219	2-220
项目				燃气箱式调压器		
				24	40	50
预算基价	总价(元)			**168.08**	**260.95**	**334.53**
	人工费(元)			151.20	232.20	298.35
	材料费(元)			10.89	21.20	27.08
	机械费(元)			5.99	7.55	9.10
组成内容		**单位**	**单价**	**数量**		
人工	综合工	工日	135.00	1.12	1.72	2.21
材料	箱式调压器	台		(1)	(1)	(1)
	调压箱罩	套		(1)	(1)	(1)
	电焊条	kg	7.59	0.034	0.060	0.080
	镀锌活接头	个		2.02×4.71	2.02×9.16	2.02×12.00
	膨胀螺栓 M8×60	套	0.55	2.00	2.00	2.00
	尼龙砂轮片 *D*100	片	3.92	0.005	0.010	0.010
	石棉橡胶板 $\delta 3$	kg	15.68		0.070	0.070
机械	直流电焊机 20kW	台班	75.06	0.020	0.040	0.060
	电焊条烘干箱 60cm×50cm×75cm	台班	27.16	0.002	0.004	0.006
	载货汽车 5t	台班	443.55	0.010	0.010	0.010

12.鬃毛过滤器安装

工作内容：成品安装、调试等操作过程。　　　　**单位：**组

编　号				2-221	2-222	2-223	2-224	2-225
项　目				燃气鬃毛过滤器安装				
				DN100以内	DN150以内	DN200以内	DN300以内	DN400以内
预算基价	总　价(元)			**116.29**	**184.74**	**245.60**	**348.41**	**584.32**
	人　工　费(元)			64.80	99.90	141.75	198.45	353.70
	材　料　费(元)			19.45	33.66	51.26	76.70	124.99
	机　械　费(元)			32.04	51.18	52.59	73.26	105.63
组 成 内 容		**单位**	**单价**	**数　量**				
人工	综合工	工日	135.00	0.48	0.74	1.05	1.47	2.62
材料	鬃毛过滤器	台		(1)	(1)	(1)	(1)	(1)
	碳钢法兰	片		(4)	(4)	(4)	(4)	(4)
	石棉橡胶板 低压 δ0.8～6.0	kg	19.35	0.34	0.56	0.66	0.80	1.38
	氧气 6m^3	m^3	2.88	0.548	1.112	1.730	2.334	3.288
	乙炔气 5.5～6.5kg	m^3	16.13	0.182	0.296	0.576	0.774	1.096
	电焊条	kg	7.59	0.656	1.366	2.396	4.638	8.004
	尼龙砂轮片 D100	片	3.92	0.081	0.135	0.205	0.326	0.535
	铅油(厚漆)	kg	9.80	0.22	0.28	0.40	0.40	0.60
	清油	kg	15.06	0.04	0.06	0.06	0.08	0.12
	破布	kg	5.07	0.06	0.06	0.08	0.08	0.12
机械	直流电焊机 20kW	台班	75.06	0.412	0.658	0.676	0.942	1.358
	电焊条烘干箱 60cm×50cm×75cm	台班	27.16	0.041	0.066	0.068	0.094	0.136

13.萘油分离器安装

工作内容：成品安装、调试等操作过程。 **单位：**组

编号				2-226	2-227	2-228	2-229
项目				燃气萘油分离器安装			
				*DN*100以内	*DN*150以内	*DN*200以内	*DN*300以内
预算基价	总价(元)			**190.14**	**252.24**	**294.48**	**417.53**
	人工费(元)			139.05	174.15	198.45	270.00
	材料费(元)			14.82	27.13	42.81	66.95
	机械费(元)			36.27	50.96	53.22	80.58
组成内容		**单位**	**单价**	**数量**			
人工	综合工	工日	135.00	1.03	1.29	1.47	2.00
材料	萘油分离器	个		(1)	(1)	(1)	(1)
	碳钢法兰	片		(4)	(4)	(4)	(4)
	石棉橡胶板 $\delta3$	kg	15.68	0.34	0.56	0.66	0.80
	氧气 $6m^3$	m^3	2.88	0.548	1.112	1.730	2.334
	乙炔气 5.5～6.5kg	m^3	16.13	0.182	0.296	0.576	0.774
	电焊条	kg	7.59	0.656	1.366	2.396	4.638
机械	直流电焊机 20kW	台班	75.06	0.468	0.658	0.688	0.984
	电焊条烘干箱 60cm×50cm×75cm	台班	27.16	0.042	0.058	0.058	0.084
	载货汽车 5t	台班	443.55				0.010

14.安全水封、检漏管安装

工作内容：排尺、下料、焊接法兰、紧螺栓等操作过程。 **单位：**组

编号				2-230	2-231	2-232	2-233
项目				燃气安全水封安装		燃气检漏管安装	燃气牺牲阳极、测试桩安装
				DN200	DN300		
预算基价	总价(元)			**298.53**	**433.60**	**275.71**	**2036.96**
	人工费(元)			138.92	236.93	234.90	1395.90
	材料费(元)			101.66	111.28	40.81	637.10
	机械费(元)			57.95	85.39		3.96
组成内容		**单位**	**单价**	**数量**			
人工	综合工	工日	135.00	1.029	1.755	1.740	10.340
材料	安全水封	组		(1)	(1)		
	防护罩	套				(1)	
	混凝土测试桩 100#	个					(1)
	牺牲阳极棒	个					(4)
	氧气 6m³	m³	2.88	1.59	1.99		
	乙炔气 5.5~6.5kg	m³	16.13	0.61	0.82		
	电焊条	kg	7.59	2.37	3.04		0.56
	镀锌补芯 *DN*20	个	0.88	1.01	1.01		
	镀锌活接头 *DN*20	个	3.37	2.02	2.02	1.00	
	镀锌钢管 *DN*20	m	8.60	0.62	0.62	2.12	
	螺纹闸阀 Z15T-10K *DN*20	个	14.56	1.01	1.01		
	钢板 4.5~10	kg	3.79	8.48	8.48		1.70
	玻璃管 ϕ12	m	10.42	0.90	0.90		
	镀锌丝堵 *DN*20	个	0.69			1.00	
	镀锌钢管 *DN*32	m	16.11			0.20	
	热轧薄钢板 3.5~5.5	kg	3.70			0.30	
	机砖	千块	441.10			0.024	

续前 单位：组

编号				2-230	2-231	2-232	2-233
项目				燃气安全水封安装		燃气检漏管安装	燃气牺牲阳极、测试桩安装
				*DN*200	*DN*300		
组成内容		单位	单价	数量			
材料	水泥砂浆 M7.5	m^3	276.98			0.013	
	铜管 *DN*12×1.2	kg	69.92				0.25
	钢板 10～12	kg	3.67				2.13
	紫铜皮 $\delta 2$	kg	82.66				0.015
	铜垫圈 M8	个	0.30				25.00
	木螺钉 M5×30	个	0.12				2.00
	铜六角螺栓 M8	套	1.82				5.00
	铜螺母 M8	个	0.69				15.00
	铜焊条	kg	45.64				0.20
	铜焊粉	kg	39.05				0.05
	锡焊料	kg	59.85				0.60
	石油沥青 $10^{\#}$	kg	4.04				45.00
	铜导线 BVV-0.5kV 1×10	m	5.90				24.00
	铜接线端子 120	个	15.55				1.00
	硫酸镁 99.5%	kg	1.04				63.00
	硫酸钙	kg	1.56				27.00
	塑料软管 $\phi 12$	m	0.57				24.00
	膨润土	kg	0.39				90.00
	布袋 1.2m×1.1m	个	7.58				4.00
机械	直流电焊机 20kW	台班	75.06	0.688	0.984		0.050
	电焊条烘干箱 60cm×50cm×75cm	台班	27.16	0.069	0.098		0.005
	载货汽车 5t	台班	443.55	0.01	0.02		
	立式钻床 25mm	台班	6.78				0.01

第三章　砌　　井

说　　明

一、本章定型井标注的图号为天津市自来水集团有限公司设计图纸，使用其他设计图纸可套用本基价第一册“给水管道工程”砌井相应项目。

二、砌井的挖还土和施工排水，包括在管道槽挖还土和施工排水之内，不另计算。

三、定型井的管底深如在基价标注管底深以内，套用相应子目。管底深大于标注的深度，以0.3m为一级（不足0.3m的按一级考虑），套列增量子目。上反的放气井和凝水缸井的井深，不受管底深的影响，不计算增量。非定型井在计算工程量时，井深应按管道断面图和井图计算，不计取0.3m的整倍数。

工程量计算规则

一、各种定型井均以设计施工图示数量计算。

二、定型井以“座”为计量单位。

1.燃气管道闸井

工作内容：包括定型井各分项有关工作内容。 **单位：**座

编号				2-234	2-235	2-236	2-237	2-238
项目				燃气管道闸井(TJ88-1)				
				*DN*100以内	*DN*150以内	*DN*200以内	*DN*250以内	管底深每增加一级
				管底深(m以内)				
				0.9	1.2		1.5	
预算基价	总价(元)			**6007.31**	**6761.66**	**6797.30**	**7528.87**	**727.58**
	人工费(元)			3222.99	3670.25	3707.64	4173.66	423.23
	材料费(元)			2681.23	2974.65	2972.85	3224.79	290.78
	机械费(元)			103.09	116.76	116.81	130.42	13.57
组成内容		单位	单价	数量				
人工	综合工	工日	135.00	23.874	27.187	27.464	30.916	3.135
材料	机砖	千块	441.10	1.665	2.070	2.026	2.429	0.443
	木模板	m^3	1982.88	0.0672	0.0690	0.0714	0.0739	
	圆钉	kg	6.68	0.97	1.00	1.04	1.08	
	草袋	m^2	3.34	4.71	4.87	5.08	5.30	
	钢筋 *D*10以内	t	3970.73	0.061	0.061	0.061	0.061	
	钢筋 *D*10以外	t	3799.94	0.045	0.045	0.045	0.045	
	电焊条	kg	7.59	0.09	0.09	0.09	0.09	
	镀锌钢丝 0.7～1.2	kg	7.34	0.55	0.55	0.55	0.55	
	镀锌钢丝 2.8～4.0	kg	6.91	0.45	0.45	0.45	0.45	
	铸铁煤气闸井井盖 *D*700	套	256.24	1	1	1	1	
	水泥 32.5级	t	357.47	0.410	0.514	0.489	0.529	0.114
	水泥 42.5级	t	398.99	0.552	0.561	0.573	0.585	
	优质砂	t	92.45	1.598	1.617	1.644	1.671	
	碴石 0.5～2	t	83.90	2.496	2.527	2.568	2.611	

单位：座

编号				2-234	2-235	2-236	2-237	2-238
项目				燃气管道闸井(TJ88-1)				
				*DN*100以内	*DN*150以内	*DN*200以内	*DN*250以内	管底深每增加一级
				管底深(m以内)				
				0.9	1.2		1.5	
组成内容		单位	单价	数量				
材料	水	m^3	7.62	0.716	0.792	0.785	0.819	0.077
	粗砂	t	86.63	1.529	1.909	1.835	1.945	0.418
	粉煤灰	t	97.03	0.620	0.630	0.643	0.657	
	零星材料费	元		192.03	222.91	238.20	270.08	17.82
	水泥混凝土 C10(0.5～2cm)	m^3		(0.6921)	(0.6921)	(0.6921)	(0.6921)	
	水泥混凝土 C20(0.5～2cm)	m^3		(1.3364)	(1.3364)	(1.3364)	(1.3364)	
	水泥砂浆 M10	m^3		(0.712)	(0.886)	(0.867)	(0.884)	(0.189)
	水泥砂浆 1:2	m^3		(0.344)	(0.433)	(0.399)	(0.461)	(0.100)
	细石混凝土 C20(细石)	m^3		(0.0808)	(0.1079)	(0.1447)	(0.1826)	
机械	电动夯实机 20～62N•m	台班	27.11	0.036	0.036	0.036	0.036	
	混凝土搅拌机 400L	台班	248.56	0.077	0.080	0.084	0.087	
	灰浆搅拌机 200L	台班	208.76	0.264	0.324	0.317	0.376	0.065
	机动翻斗车 1t	台班	207.17	0.095	0.095	0.095	0.095	
	钢筋调直机 40mm	台班	37.25	0.032	0.032	0.032	0.032	
	钢筋切断机 40mm	台班	42.81	0.032	0.032	0.032	0.032	
	钢筋弯曲机 40mm	台班	26.22	0.032	0.032	0.032	0.032	
	电焊机 30kV•A	台班	87.97	0.005	0.005	0.005	0.005	
	对焊机 75kV•A	台班	113.07	0.013	0.013	0.013	0.013	
	综合机械费	元		2.87	3.27	3.79	4.33	

工作内容：包括定型井各分项有关工作内容。 **单位：**座

编号				2-239	2-240	2-241	2-242	2-243	2-244	2-245
项目				燃气管道闸井(TJ88-1)						
				*DN*300以内	*DN*350以内	*DN*400以内	*DN*500以内	*DN*600以内	*DN*700以内	管底深每增加一级
				管底深(m以内)						
				1.5	1.8		2.1	2.4	2.7	
预算基价	总价(元)			**9691.40**	**10597.08**	**10661.09**	**11406.70**	**11738.10**	**12527.12**	**839.90**
	人工费(元)			5328.72	5875.61	5930.42	6437.61	6567.48	7049.57	486.95
	材料费(元)			4193.41	4535.49	4544.31	4772.37	4967.92	5261.45	337.29
	机械费(元)			169.27	185.98	186.36	196.72	202.70	216.10	15.66
组成内容		单位	单价	数量						
人工	综合工	工日	135.00	39.472	43.523	43.929	47.686	48.648	52.219	3.607
材料	机砖	千块	441.10	3.093	3.578	3.535	3.735	4.096	4.467	0.515
	木模板	m^3	1982.88	0.1090	0.1120	0.1150	0.1221	0.1137	0.1168	
	圆钉	kg	6.68	1.62	1.67	1.71	1.83	1.69	1.74	
	草袋	m^2	3.34	7.05	7.30	7.56	8.18	7.45	7.72	
	钢筋 *D*10以内	t	3970.73	0.076	0.076	0.076	0.076	0.076	0.076	
	钢筋 *D*10以外	t	3799.94	0.058	0.058	0.058	0.058	0.058	0.058	
	电焊条	kg	7.59	0.12	0.12	0.12	0.12	0.12	0.12	
	镀锌钢丝 0.7～1.2	kg	7.34	0.69	0.69	0.69	0.69	0.69	0.69	
	镀锌钢丝 2.8～4.0	kg	6.91	0.45	0.45	0.45	0.45	0.45	0.45	
	铸铁煤气闸井井盖 *D*700	套	256.24	1	1	1	1	1	1	
	水泥 32.5级	t	357.47	0.767	0.870	0.861	0.923	1.006	1.101	0.132
	水泥 42.5级	t	398.99	0.789	0.804	0.818	0.853	0.812	0.827	
	优质砂	t	92.45	2.248	2.280	2.312	2.390	2.298	2.332	
	碴石 0.5～2	t	83.90	3.525	3.575	3.627	3.748	3.604	3.657	

续前

单位：座

编号				2-239	2-240	2-241	2-242	2-243	2-244	2-245
项目				燃气管道闸井(TJ88-1)						
				*DN*300以内	*DN*350以内	*DN*400以内	*DN*500以内	*DN*600以内	*DN*700以内	管底深每增加一级
				管底深(m以内)						
				1.5	1.8		2.1	2.4	2.7	
组成内容		单位	单价	数量						
材料	水	m^3	7.62	1.133	1.215	1.219	1.286	1.312	1.387	0.089
	粗砂	t	86.63	2.714	3.120	3.082	3.298	3.614	3.964	0.484
	粉煤灰	t	97.03	0.887	0.903	0.919	0.958	0.912	0.929	
	零星材料费	元		368.72	402.44	415.16	461.55	502.06	544.48	20.33
	水泥混凝土 C10(0.5～2cm)	m^3		(0.8475)	(0.8475)	(0.8475)	(0.8475)	(0.8475)	(0.8475)	
	水泥混凝土 C20(0.5～2cm)	m^3		(1.9091)	(1.9091)	(1.9091)	(1.9091)	(1.9091)	(1.9091)	
	细石混凝土 C20(细石)	m^3		(0.2231)	(0.2677)	(0.3134)	(0.4213)	(0.2934)	(0.3406)	
	水泥砂浆 1:2	m^3		(0.745)	(0.816)	(0.809)	(0.873)	(0.937)	(1.020)	(0.115)
	水泥砂浆 M10	m^3		(1.140)	(1.348)	(1.329)	(1.415)	(1.569)	(1.728)	(0.220)
机械	电动夯实机 20～62N•m	台班	27.11	0.044	0.044	0.044	0.044	0.044	0.044	
	混凝土搅拌机 400L	台班	248.56	0.115	0.120	0.124	0.135	0.122	0.127	
	灰浆搅拌机 200L	台班	208.76	0.476	0.547	0.541	0.570	0.623	0.678	0.075
	机动翻斗车 1t	台班	207.17	0.133	0.133	0.133	0.133	0.133	0.133	
	钢筋调直机 40mm	台班	37.25	0.041	0.041	0.041	0.041	0.041	0.041	
	钢筋切断机 40mm	台班	42.81	0.041	0.041	0.041	0.041	0.041	0.041	
	钢筋弯曲机 40mm	台班	26.22	0.041	0.041	0.041	0.041	0.041	0.041	
	电焊机 30kV•A	台班	87.97	0.006	0.006	0.006	0.006	0.006	0.006	
	对焊机 75kV•A	台班	113.07	0.017	0.017	0.017	0.017	0.017	0.017	
	综合机械费	元		5.76	6.41	7.05	8.62	6.76	7.44	

工作内容：包括定型井各分项有关工作内容。

单位：座

编 号				2-246	2-247	2-248	2-249	2-250
项 目				燃气管道闸井(TJ88-2)				
				*DN*100以内	*DN*150以内	*DN*200以内	*DN*250以内	管底深每增加一级
				管底深(m以内)				
				0.9	1.2		1.5	
预算基价	总 价(元)			**6235.96**	**7036.97**	**7068.77**	**7847.11**	**777.65**
	人 工 费(元)			3430.22	3922.56	3954.96	4465.67	472.37
	材 料 费(元)			2693.36	2986.88	2985.10	3237.11	290.88
	机 械 费(元)			112.38	127.53	128.71	144.33	14.40
组 成 内 容		**单位**	**单价**	**数 量**				
人工	综合工	工日	135.00	25.409	29.056	29.296	33.079	3.499
材料	机砖	千块	441.10	1.665	2.070	2.026	2.429	0.443
	木模板	m^3	1982.88	0.0672	0.0690	0.0714	0.0739	
	圆钉	kg	6.68	0.97	1.00	1.04	1.08	
	草袋	m^2	3.34	4.71	4.87	5.08	5.30	
	钢筋 *D*10以内	t	3970.73	0.061	0.061	0.061	0.061	
	钢筋 *D*10以外	t	3799.94	0.045	0.045	0.045	0.045	
	电焊条	kg	7.59	0.09	0.09	0.09	0.09	
	镀锌钢丝 0.7～1.2	kg	7.34	0.55	0.55	0.55	0.55	
	镀锌钢丝 2.8～4.0	kg	6.91	0.90	0.90	0.90	0.90	
	铸铁煤气闸井井盖 *D*700	套	256.24	1	1	1	1	
	水泥 32.5级	t	357.47	0.410	0.514	0.489	0.529	0.114
	水泥 42.5级	t	398.99	0.552	0.561	0.573	0.585	
	优质砂	t	92.45	1.598	1.617	1.644	1.671	
	碴石 0.5～2	t	83.90	2.496	2.527	2.568	2.611	

续前

单位：座

编号				2-246	2-247	2-248	2-249	2-250
项目				燃气管道闸井(TJ88-2)				
				*DN*100以内	*DN*150以内	*DN*200以内	*DN*250以内	管底深每增加一级
				管底深(m以内)				
				0.9	1.2		1.5	
组成内容		**单位**	**单价**	**数量**				
材料	水	m^3	7.62	0.716	0.792	0.785	0.819	0.077
	粗砂	t	86.63	1.529	1.909	1.835	1.945	0.418
	粉煤灰	t	97.03	0.620	0.630	0.643	0.657	
	零星材料费	元		201.05	232.03	247.34	279.29	17.92
	水泥混凝土 C10(0.5～2cm)	m^3		(0.6921)	(0.6921)	(0.6921)	(0.6921)	
	水泥混凝土 C20(0.5～2cm)	m^3		(1.3364)	(1.3364)	(1.3364)	(1.3364)	
	细石混凝土 C20(细石)	m^3		(0.0808)	(0.1079)	(0.1447)	(0.1826)	
	水泥砂浆 1:2	m^3		(0.344)	(0.433)	(0.399)	(0.461)	(0.100)
	水泥砂浆 M10	m^3		(0.712)	(0.886)	(0.867)	(0.884)	(0.189)
机械	电动夯实机 20～62N•m	台班	27.11	0.036	0.036	0.036	0.036	
	混凝土搅拌机 400L	台班	248.56	0.077	0.080	0.084	0.087	
	灰浆搅拌机 200L	台班	208.76	0.279	0.342	0.335	0.398	0.069
	机动翻斗车 1t	台班	207.17	0.095	0.095	0.095	0.095	
	钢筋调直机 40mm	台班	37.25	0.032	0.032	0.032	0.032	
	钢筋切断机 40mm	台班	42.81	0.032	0.032	0.032	0.032	
	钢筋弯曲机 40mm	台班	26.22	0.032	0.032	0.032	0.032	
	电焊机 30kV•A	台班	87.97	0.005	0.005	0.005	0.005	
	对焊机 75kV•A	台班	113.07	0.013	0.013	0.013	0.013	
	综合机械费	元		9.03	10.28	11.93	13.65	

工作内容：包括定型井各分项有关工作内容。

单位：座

编号				2-251	2-252	2-253	2-254	2-255	2-256	2-257
项目				燃气管道闸井(TJ88-2)						
				*DN*300以内	*DN*350以内	*DN*400以内	*DN*500以内	*DN*600以内	*DN*700以内	管底深每增加一级
				管底深(m以内)						
				1.5	1.8		2.1	2.4	2.7	
预算基价	总价(元)			**10098.38**	**11060.65**	**11120.79**	**11919.83**	**12297.19**	**13138.84**	**900.17**
	人工费(元)			5704.83	6305.72	6355.53	6911.87	7090.74	7623.05	546.08
	材料费(元)			4205.86	4548.09	4556.88	4785.01	4980.66	5274.28	337.39
	机械费(元)			187.69	206.84	208.38	222.95	225.79	241.51	16.70
组成内容		**单位**	**单价**	**数量**						
人工	综合工	工日	135.00	42.258	46.709	47.078	51.199	52.524	56.467	4.045
材料	机砖	千块	441.10	3.093	3.578	3.535	3.735	4.096	4.467	0.515
	木模板	m^3	1982.88	0.1090	0.1120	0.1150	0.1221	0.1137	0.1168	
	圆钉	kg	6.68	1.62	1.67	1.71	1.83	1.69	1.74	
	草袋	m^2	3.34	7.05	7.30	7.56	8.18	7.45	7.72	
	钢筋 *D*10以内	t	3970.73	0.076	0.076	0.076	0.076	0.076	0.076	
	钢筋 *D*10以外	t	3799.94	0.058	0.058	0.058	0.058	0.058	0.058	
	电焊条	kg	7.59	0.12	0.12	0.12	0.12	0.12	0.12	
	镀锌钢丝 0.7～1.2	kg	7.34	0.69	0.69	0.69	0.69	0.69	0.69	
	镀锌钢丝 2.8～4.0	kg	6.91	0.90	0.90	0.90	0.90	0.90	0.90	
	铸铁煤气闸井井盖 *D*700	套	256.24	1	1	1	1	1	1	
	水泥 32.5级	t	357.47	0.767	0.870	0.861	0.923	1.006	1.101	0.132
	水泥 42.5级	t	398.99	0.789	0.804	0.818	0.853	0.812	0.827	
	优质砂	t	92.45	2.248	2.280	2.312	2.390	2.298	2.332	
	碴石 0.5～2	t	83.90	3.525	3.575	3.627	3.748	3.604	3.657	

续前

单位：座

编号			2-251	2-252	2-253	2-254	2-255	2-256	2-257
项目			燃气管道闸井(TJ88-2)						
			DN300以内	DN350以内	DN400以内	DN500以内	DN600以内	DN700以内	管底深每增加一级
			管底深(m以内)						
			1.5	1.8		2.1	2.4	2.7	
组成内容	单位	单价	数量						
材料 水	m^3	7.62	1.133	1.215	1.219	1.286	1.312	1.387	0.089
粗砂	t	86.63	2.714	3.120	3.082	3.298	3.614	3.964	0.484
粉煤灰	t	97.03	0.887	0.903	0.919	0.958	0.912	0.929	
零星材料费	元		378.06	411.93	424.62	471.08	511.69	554.21	20.43
水泥混凝土 C10(0.5～2cm)	m^3		(0.8475)	(0.8475)	(0.8475)	(0.8475)	(0.8475)	(0.8475)	
水泥混凝土 C20(0.5～2cm)	m^3		(1.9091)	(1.9091)	(1.9091)	(1.9091)	(1.9091)	(1.9091)	
细石混凝土 C20(细石)	m^3		(0.2231)	(0.2677)	(0.3134)	(0.4213)	(0.2934)	(0.3406)	
水泥砂浆 1:2	m^3		(0.745)	(0.816)	(0.809)	(0.873)	(0.937)	(1.020)	(0.115)
水泥砂浆 M10	m^3		(1.140)	(1.348)	(1.329)	(1.415)	(1.569)	(1.728)	(0.220)
机械 电动夯实机 20～62N•m	台班	27.11	0.044	0.044	0.044	0.044	0.044	0.044	
混凝土搅拌机 400L	台班	248.56	0.115	0.120	0.124	0.135	0.122	0.127	
灰浆搅拌机 200L	台班	208.76	0.505	0.581	0.574	0.607	0.664	0.723	0.080
机动翻斗车 1t	台班	207.17	0.133	0.133	0.133	0.133	0.133	0.133	
钢筋调直机 40mm	台班	37.25	0.041	0.041	0.041	0.041	0.041	0.041	
钢筋切断机 40mm	台班	42.81	0.041	0.041	0.041	0.041	0.041	0.041	
钢筋弯曲机 40mm	台班	26.22	0.041	0.041	0.041	0.041	0.041	0.041	
电焊机 30kV•A	台班	87.97	0.006	0.006	0.006	0.006	0.006	0.006	
对焊机 75kV•A	台班	113.07	0.017	0.017	0.017	0.017	0.017	0.017	
综合机械费	元		18.13	20.17	22.18	27.12	21.30	23.46	

2.凝 水 缸 井

工作内容：包括定型井各分项有关工作内容。 **单位：**座

编号				2-258
项目				燃气管道凝水缸井(8504)
预算基价	总价(元)			**1147.48**
	人工费(元)			576.59
	材料费(元)			542.64
	机械费(元)			28.25
组成内容		**单位**	**单价**	**数量**
人工	综合工	工日	135.00	4.271
材料	机砖	千块	441.10	0.246
	木模板	m^3	1982.88	0.0088
	圆钉	kg	6.68	0.18
	草袋	m^2	3.34	1.94
	铸铁凝水缸井井盖 *D*500	套	169.34	1
	水泥 32.5级	t	357.47	0.029
	水泥 42.5级	t	398.99	0.186
	优质砂	t	92.45	0.506
	碴石 0.5～2	t	83.90	0.826
	水	m^3	7.62	0.175
	粗砂	t	86.63	0.169
	粉煤灰	t	97.03	0.209
	零星材料费	元		2.74
	水泥混凝土 C15(0.5～2cm)	m^3		(0.594)
	水泥混凝土 C20(0.5～2cm)	m^3		(0.099)
	水泥砂浆 M7.5	m^3		(0.11)
机械	电动夯实机 20～62N•m	台班	27.11	0.031
	混凝土搅拌机 400L	台班	248.56	0.022
	灰浆搅拌机 200L	台班	208.76	0.038
	机动翻斗车 1t	台班	207.17	0.061
	综合机械费	元		1.37

3.非 定 型 井

工作内容：清基、挂线、拌料、摊铺、找平、夯实、检查标高、材料运输。　　　　**单位：**10m³

编号				2-259	2-260	2-261	2-262	2-263
项目				垫层			井底流槽	
				碎石	砂砾石	预拌混凝土	混凝土	石砌
预算基价	总价(元)			**2053.96**	**2386.50**	**4398.91**	**4783.96**	**4642.17**
	人工费(元)			1065.69	1039.50	1323.00	1501.47	2655.05
	材料费(元)			988.27	1347.00	3075.91	3282.49	1814.44
	机械费(元)							172.68
组成内容		**单位**	**单价**	**数量**				
人工	综合工	工日	135.00	7.894	7.700	9.800	11.122	19.667
材料	塑料薄膜	m^2	1.90				90.854	
	砂子 中砂	m^3	89.44		4.283			
	碎石 40mm	m^3	74.53	13.26				
	砾石 40mm	m^3	94.41		10.21			
	块石	m^3	84.47					11.526
	水	m^3	7.62			2.409	2.400	1.070
	电	kW·h	0.75			7.642		
	粉煤灰	t	97.03			2.919	2.949	
	优质砂	t	92.45			7.110	6.626	
	碴石 2～4	t	85.12			12.635	13.453	
	水泥 32.5级	t	357.47					0.965
	水泥 42.5级	t	398.99			2.596	2.626	
	粗砂	t	86.63					5.630
	水泥混凝土 C15(2～4cm)	m^3				(10.100)		
	水泥混凝土 C20(2～4cm)	m^3					(10.100)	
	水泥砂浆 M7.5	m^3						(3.670)
机械	机动翻斗车 1t	台班	207.17					0.636
	干混砂浆罐式搅拌机	台班	254.19					0.161

工作内容：清理现场、配料砌筑、材料运输。

编号				2-264	2-265	2-266	2-267	2-268
项目				砌筑				塑钢踏步安装（100kg）
				砖砌		石砌		
				圆形（10m³）	矩形（10m³）	圆形（10m³）	矩形（10m³）	
预算基价	总价（元）			**6004.66**	**5432.03**	**5083.24**	**4433.57**	**1072.64**
	人工费（元）			2808.41	2371.95	2879.01	2442.29	198.99
	材料费（元）			3069.71	2970.20	2022.05	1847.88	873.65
	机械费（元）			126.54	89.88	182.18	143.40	
组成内容		**单位**	**单价**	**数量**				
人工	综合工	工日	135.00	20.803	17.570	21.326	18.091	1.474
材料	塑钢爬梯	kg	8.65					101
	块石	m³	84.47			10.955	11.526	
	机砖	千块	441.10	5.181	5.449			
	水	m³	7.62	1.823	1.646	1.021	0.807	
	煤焦沥青漆 L01-17	kg	11.34	3.126	3.126	3.126	3.126	
	水泥 32.5级	t	357.47	0.852	0.601	1.221	0.965	
	粗砂	t	86.63	4.969	3.507	7.122	5.630	
	水泥砂浆 M7.5	m³		(3.239)	(2.286)	(4.643)	(3.670)	
机械	机动翻斗车 1t	台班	207.17	0.466	0.332	0.672	0.529	
	干混砂浆罐式搅拌机	台班	254.19	0.118	0.083	0.169	0.133	

工作内容：清理墙面、调制砂浆、勾缝、抹灰、清扫落地灰、材料运输。　　　　**单位：**$100m^2$

编　　号				2-269	2-270	2-271	2-272
项　　目				砖墙勾缝	砖墙抹灰		
					井内侧	井底	流槽
预算基价	总　　价(元)			**975.18**	**3713.48**	**2650.35**	**3235.71**
	人　工　费(元)			895.86	2925.05	1861.92	2447.28
	材　料　费(元)			69.83	703.30	703.30	703.30
	机　械　费(元)			9.49	85.13	85.13	85.13
组 成 内 容		**单位**	**单价**	**数　　量**			
人工	综合工	工日	135.00	6.636	21.667	13.792	18.128
材料	水	m^3	7.62	0.076	0.761	0.761	0.761
	水泥 32.5级	t	357.47	0.122	1.230	1.230	1.230
	粗砂	t	86.63	0.296	2.976	2.976	2.976
	水泥砂浆 1∶2	m^3		(0.216)	(2.174)	(2.174)	(2.174)
机械	机动翻斗车 1t	台班	207.17	0.036	0.314	0.314	0.314
	干混砂浆罐式搅拌机	台班	254.19	0.008	0.079	0.079	0.079

工作内容： 清理墙面、调制砂浆、勾缝、抹灰、清扫落地灰、材料运输。

单位： 100m²

编　号				2-273	2-274	2-275	2-276
项　目				石墙勾缝	石墙抹灰		
					井内侧	井底	流槽
预算基价	总　价(元)			**1687.08**	**4021.31**	**2645.79**	**3231.15**
	人　工　费(元)			1498.10	3234.74	1859.22	2444.58
	材　料　费(元)			169.23	703.30	703.30	703.30
	机　械　费(元)			19.75	83.27	83.27	83.27
组成内容		**单位**	**单价**	**数　量**			
人工	综合工	工日	135.00	11.097	23.961	13.772	18.108
材料	水	m^3	7.62	0.183	0.761	0.761	0.761
	水泥 32.5级	t	357.47	0.296	1.230	1.230	1.230
	粗砂	t	86.63	0.716	2.976	2.976	2.976
	水泥砂浆 1∶2	m^3		(0.523)	(2.174)	(2.174)	(2.174)
机械	机动翻斗车 1t	台班	207.17	0.072	0.305	0.305	0.305
	干混砂浆罐式搅拌机	台班	254.19	0.019	0.079	0.079	0.079

工作内容：凿洞、调制砂浆、接管口、补齐管口、抹平墙面、清理场地。

单位：10m²

编号				2-277	2-278	2-279	2-280
项目				井壁(墙)凿洞			
				砖墙(mm以内)		石墙(mm以内)	
				24	37	50	70
预算基价	总价(元)			**1332.99**	**1664.38**	**2648.25**	**3418.37**
	人工费(元)			1171.40	1466.24	2385.45	3104.87
	材料费(元)			157.01	192.55	255.43	304.60
	机械费(元)			4.58	5.59	7.37	8.90
组成内容		**单位**	**单价**	**数量**			
人工	综合工	工日	135.00	8.677	10.861	17.670	22.999
材料	水	m³	7.62	0.170	0.208	0.276	0.329
	水泥 32.5级	t	357.47	0.265	0.327	0.437	0.523
	粗砂	t	86.63	0.704	0.855	1.121	1.329
	水泥砂浆 1∶2	m³		(0.280)	(0.390)	(0.584)	(0.736)
	水泥砂浆 1∶2.5	m³		(0.217)	(0.217)	(0.217)	(0.217)
机械	干混砂浆罐式搅拌机	台班	254.19	0.018	0.022	0.029	0.035

工作内容： 捣固、抹面、养生、材料场内运输。

单位： 10m³

编号				2-281	2-282	2-283	2-284
项目				钢筋混凝土井盖	钢筋混凝土井圈	钢筋混凝土平井箅	钢筋混凝土小型构件
				制作			
预算基价	总价(元)			**5535.30**	**5927.48**	**6629.83**	**5938.91**
	人工费(元)			2020.01	2380.86	3077.87	2380.86
	材料费(元)			3515.29	3546.62	3551.96	3558.05
组成内容		单位	单价	数量			
人工	综合工	工日	135.00	14.963	17.636	22.799	17.636
材料	塑料薄膜	m^2	1.90	154.846	154.846	154.846	154.846
	水	m^3	7.62	8.438	12.550	13.250	14.050
	电	kW•h	0.75	7.642	7.642	7.642	7.642
	水泥 42.5级	t	398.99	2.767	2.767	2.767	2.767
	粉煤灰	t	97.03	3.101	3.101	3.101	3.101
	优质砂	t	92.45	6.585	6.585	6.585	6.585
	碴石 2～4	t	85.12	13.362	13.362	13.362	13.362
	水泥混凝土 C25(2～4cm)	m^3		(10.100)	(10.100)	(10.100)	(10.100)

工作内容：调制砂浆，坐稳井盖座，井盖安装。

编号				2-285	2-286	2-287	2-288	2-289	2-290
项目				检查井铸铁井盖、座	检查井混凝土井盖、座	雨水井铸铁平箅	雨水井铸铁立箅	雨水井混凝土箅(盖、座)	小型构件
				安装(10套)					(10m³)
预算基价	总价(元)			**823.25**	**696.74**	**787.28**	**812.53**	**743.59**	**1303.87**
	人工费(元)			699.30	628.83	670.55	707.81	675.68	418.50
	材料费(元)			120.90	65.11	113.93	102.18	65.11	850.80
	机械费(元)			3.05	2.80	2.80	2.54	2.80	34.57
组成内容		**单位**	**单价**	**数量**					
人工	综合工	工日	135.00	5.180	4.658	4.967	5.243	5.005	3.100
材料	铸铁井盖带井座	套		(10)					
	混凝土井盖、井座	套			(10.10)				
	铸铁平箅	套				(10)			
	铸铁立箅带盖板	套					(10)		
	混凝土雨水井箅	套						(10.10)	
	混凝土构件（小型）	m³							(10.10)
	水	m³	7.62	0.069	0.069	0.069	0.067	0.069	0.904
	煤焦沥青漆 L01-17	kg	11.34	4.920		4.305	3.495		
	水泥 32.5级	t	357.47	0.075	0.075	0.075	0.072	0.075	0.978
	粗砂	t	86.63	0.436	0.436	0.436	0.419	0.436	5.706
	水泥砂浆 M7.5	m³		(0.284)	(0.284)	(0.284)	(0.273)	(0.284)	(3.720)
机械	干混砂浆罐式搅拌机	台班	254.19	0.012	0.011	0.011	0.010	0.011	0.136

第三册　通用工程及施工措施项目

册　说　明

一、本册基价包括通用工程和施工措施项目两部分内容。

二、通用工程包括拆除工程，施工排水、降水工程，临时工程，其他工程共4章26节116个子目。

三、施工措施项目包括安全文明施工措施费（含环境保护、文明施工、安全施工、临时设施），冬雨季施工增加费，非夜间施工照明费，二次搬运措施费，竣工验收存档资料编制费和半幅施工措施费6项内容。

第一章　拆 除 工 程

说　　明

一、本章包括破除路面面层、破除旧路、拆除混凝土砖人行道、拆除侧缘石、拆除砖石结构及混凝土构筑物、拆除各种材质管等内容。

二、机械拆除项目中包括人工配合作业。

三、拆除工程项目中未考虑地下水因素，发生时应另行计算。

四、拆除后的旧料应整理干净就近堆放整齐。如需运至指定地点回收利用，应另行计算运费和回收价值。

五、破除沥青混凝土路面结构项目中，局部或小面积破旧路面结构适用空压机破除沥青混凝土路面结构子目，整条道路（路段）或连续大面积破旧路适用其他机械破除沥青混凝土路面子目。

六、铣刨沥青混凝土路面面层厚度是按3cm计列的，铣刨厚度最大为5cm，厚度超过5cm时，则套用2步铣刨3cm子目，仍不满足所需厚度时，则套用每增减1cm子目进行调整；铣刨沥青混凝土路面结构厚度是按8cm计列的，铣刨厚度等于或超过1.5倍基本厚度时，套用2步铣刨8cm子目，再选用铣刨厚度每增减1cm子目进行调整。

七、机械破除或锉刨机锉刨旧路结构，均适用于路面和结构层部分。

八、管道拆除要求拆除后的旧管保持基本完好，破坏性拆除不得套用本册基价项目。

1.拆除混凝土管道未包括拆除基础及垫层用工。基础及垫层拆除按本章相应子目执行。

2.拆除铸铁管要求管口完整、管身不损坏的管材、管件不得少于60%、阀门不得损坏。

工程量计算规则

一、拆除旧路及人行道按实际拆除面积计算。

二、拆除侧缘石及各类管道按实际拆除长度计算。

三、拆除构筑物及障碍物按实际拆除体积计算。

四、伐树、挖树兜按实挖数量计算。

五、铸铁管拆除,按拆除的管道的水平投影长度计算。

1.破除路面面层

工作内容：破除或铣刨路面、清除料底、刨齐路边、井边，场内运输、旧料清理成堆、指定地点存放。

编号				3-1	3-2	3-3	3-4
项目				空压机破除水泥混凝土路面		铣刨机铣刨沥青混凝土路面	
				无筋（$10m^3$）	有筋（$10m^3$）	厚度3cm（$100m^2$）	每增减1cm（$100m^2$）
预算基价	总价(元)			**2310.44**	**3327.14**	**565.40**	**30.06**
	人工费(元)			1440.45	2239.65	121.50	5.40
	材料费(元)			5.32	6.65		
	机械费(元)			864.67	1080.84	443.90	24.66
组成内容		**单位**	**单价**	**数量**			
人工	综合工	工日	135.00	10.67	16.59	0.90	0.04
材料	风镐尖	个	12.98	0.40	0.50		
	零星材料费	元		0.13	0.16		
机械	内燃空气压缩机 $9m^3/min$	台班	450.35	1.92	2.40		
	铣刨机	台班	622.35			0.18	0.01
	自卸汽车 8t	台班	637.11			0.36	0.02
	轮胎式装载机 $1m^3$	台班	569.56			0.18	0.01

2.破 除 旧 路

工作内容： 破除或铣刨旧路、清除料底、刨齐路边、井边，场内运输、旧料清理成堆、指定地点存放。

编号				3-5	3-6	3-7	3-8	3-9	3-10	3-11	3-12
项目				人工破除多合土结构层		人工破除面层或基层	铣刨沥青混凝土路面结构		空压机破除	液压镐破除	推土机破除
				无骨料（$10m^3$）	有骨料（$10m^3$）	砖基（$10m^3$）	厚度8cm（$100m^2$）	每增减1cm（$100m^2$）	沥青混凝土路面结构（$100m^3$）		
预算基价	总价（元）			**1051.65**	**1193.40**	**432.00**	**934.99**	**238.81**	**11838.44**	**3212.45**	**2024.64**
	人工费（元）			1051.65	1193.40	432.00	202.50	10.80	7290.00	441.45	346.95
	材料费（元）								130.51		
	机械费（元）						732.49	228.01	4417.93	2771.00	1677.69
组成内容		单位	单价	数量							
人工	综合工	工日	135.00	7.79	8.84	3.20	1.50	0.08	54.00	3.27	2.57
材料	风镐尖	个	12.98						9.81		
	零星材料费	元							3.18		
机械	铣刨机 LX1200	台班	1021.55				0.17				
	自卸汽车 8t	台班	637.11				0.60	0.34			
	轮胎式装载机 $1m^3$	台班	569.56				0.31	0.02			
	内燃空气压缩机 $9m^3/min$	台班	450.35						9.81		
	振动破碎机（综合）	台班	1583.43							1.75	
	履带式推土机 75kW	台班	904.54								0.80
	履带式推土机 135kW	台班	1192.57								0.80

3.拆除混凝土砖人行道

工作内容：拆除、清除料底、刨齐路边、井边，场内运输、旧料清理成堆、指定地点存放。 **单位：**100m²

编号				3-13	3-14	3-15
项目				拆除混凝土面层人行道		拆除混凝土砖人行道
				厚10cm内	每增减1cm	
预算基价	总价(元)			**2131.53**	**212.11**	**383.40**
	人工费(元)			1729.35	172.80	383.40
	材料费(元)			51.92	5.19	
	机械费(元)			350.26	34.12	
组成内容		**单位**	**单价**	**数量**		
人工	综合工	工日	135.00	12.81	1.28	2.84
材料	风镐尖	个	12.98	4.00	0.40	
机械	内燃空气压缩机 3m³/min	台班	227.44	1.54	0.15	

4.拆除侧缘石

工作内容：刨出、刮净、运输、旧料清理成堆，指定地点存放。 **单位：**100m

编号				3-16	3-17	3-18	3-19	3-20	3-21	3-22
项目				侧石		可越侧石		缘石		混凝土侧缘石（L形）
				混凝土	石质	混凝土	石质	混凝土	石质	
预算基价	总价(元)			**468.45**	**611.55**	**565.65**	**735.75**	**311.85**	**413.10**	**469.80**
	人工费(元)			468.45	611.55	565.65	735.75	311.85	413.10	469.80
组成内容		**单位**	**单价**	**数量**						
人工	综合工	工日	135.00	3.47	4.53	4.19	5.45	2.31	3.06	3.48

5.拆除混凝土管道

工作内容：平整场地、清理工作坑、剔口、吊管、清理管腔污泥、旧料就近堆放。

单位：100m

编号				3-23	3-24	3-25	3-26	3-27	3-28
项目				拆除混凝土管					
				管径(mm以内)					
				*DN*300	*DN*450	*DN*600	*DN*1000	*DN*1500	*DN*2000
预算基价	总价(元)			**3852.90**	**5205.60**	**4873.31**	**7010.95**	**9846.30**	**13429.38**
	人工费(元)			3852.90	5205.60	2211.30	3175.20	4167.45	5514.75
	机械费(元)					2662.01	3835.75	5678.85	7914.63
组成内容		单位	单价	数量					
人工	综合工	工日	135.00	28.54	38.56	16.38	23.52	30.87	40.85
机械	汽车式起重机 8t	台班	767.15			3.47	5.00		
	汽车式起重机 12t	台班	864.36					6.57	
	汽车式起重机 16t	台班	971.12						8.15

6.拆除铸铁管

工作内容： 平整场地，挖还耳子，切管，剔口，拆管件、附件、阀门，排水，清理管腔淤泥，运至指定地点堆放，不包括挖还管道槽。　　**单位：** 10m

编　　号				3-29	3-30	3-31	3-32	3-33	3-34	3-35	3-36
项　　目				拆除铸铁管							
				*DN*75	*DN*100	*DN*150	*DN*200	*DN*250	*DN*300	*DN*350	*DN*400
预算基价	总　　价(元)			**354.65**	**354.65**	**405.59**	**505.49**	**524.39**	**522.12**	**601.77**	**689.92**
	人　工　费(元)			298.35	298.35	338.85	438.75	457.65	376.65	456.30	491.40
	材　料　费(元)			45.86	45.86	45.86	45.86	45.86	45.86	45.86	65.02
	机　械　费(元)			10.44	10.44	20.88	20.88	20.88	99.61	99.61	133.50
组 成 内 容		**单位**	**单价**	**数　　量**							
人工	综合工	工日	135.00	2.21	2.21	2.51	3.25	3.39	2.79	3.38	3.64
材料	原木	m^3	1686.44	0.019	0.019	0.019	0.019	0.019	0.019	0.019	0.029
	板材	m^3	2302.20	0.006	0.006	0.006	0.006	0.006	0.006	0.006	0.007
机械	电动单级离心清水泵 100mm	台班	34.80	0.30	0.30	0.60	0.60	0.60	0.60	0.60	0.90
	汽车式起重机 10t	台班	838.68						0.07	0.07	0.09
	长材运输车 8t	台班	667.41						0.03	0.03	0.04

工作内容：平整场地，挖还耳子，切管，剔口，拆管件、附件、阀门，排水，清理管腔淤泥，运至指定地点堆放，不包括挖还管道槽。　　**单位：**10m

编号				3-37	3-38	3-39	3-40	3-41	3-42	3-43	3-44
项目				拆除铸铁管							
				*DN*450	*DN*500	*DN*600	*DN*700	*DN*800	*DN*900	*DN*1000	*DN*1200
预算基价	总价(元)			**778.94**	**857.82**	**978.33**	**1251.03**	**1309.00**	**1619.14**	**1727.08**	**2027.74**
	人工费(元)			573.75	635.85	719.55	992.25	996.30	1296.00	1300.05	1598.40
	材料费(元)			65.02	65.02	68.29	68.29	90.37	90.37	90.37	92.68
	机械费(元)			140.17	156.95	190.49	190.49	222.33	232.77	336.66	336.66
组成内容		**单位**	**单价**	**数量**							
人工	综合工	工日	135.00	4.25	4.71	5.33	7.35	7.38	9.60	9.63	11.84
材料	原木	m^3	1686.44	0.029	0.029	0.029	0.029	0.038	0.038	0.038	0.038
	板材	m^3	2302.20	0.007	0.007	0.007	0.007	0.010	0.010	0.010	0.011
	方木	m^3	3266.74			0.001	0.001	0.001	0.001	0.001	0.001
机械	汽车式起重机 10t	台班	838.68	0.09	0.11	0.15	0.15	0.18	0.18	0.28	0.28
	电动单级离心清水泵 100mm	台班	34.80	0.90	0.90	0.90	0.90	0.90	1.20	1.20	1.20
	长材运输车 8t	台班	667.41	0.05	0.05	0.05	0.05	0.06	0.06	0.09	0.09

7.拆除镀锌管

工作内容：锯管、拆管、清理、堆放。 **单位：**10m

编号				3-45	3-46	3-47	3-48	3-49
项目				拆除镀锌管				
				*DN*20	*DN*32	*DN*50	*DN*75	*DN*100
预算基价	总价(元)			**27.58**	**34.40**	**41.37**	**133.17**	**186.68**
	人工费(元)			27.00	33.75	40.50	132.30	184.95
	材料费(元)			0.58	0.65	0.87	0.87	1.73
组成内容		**单位**	**单价**	**数量**				
人工	综合工	工日	135.00	0.20	0.25	0.30	0.98	1.37
材料	机油（综合）	kg	7.21	0.08	0.09	0.12	0.12	0.24

8.拆除砖石结构及混凝土构筑物

工作内容：1.检查井:拆除井体、管口、旧料清理成堆。2.构筑物:拆除、旧料清理成堆。 **单位：**$10m^3$

编号				3-50	3-51	3-52	3-53
项目				拆除砖石结构		拆除混凝土结构	
						机械拆除	
				砖砌检查井	砖砌其他构筑物	有筋	无筋
预算基价	总价(元)			**2106.00**	**1779.17**	**7062.52**	**5230.98**
	人工费(元)			2106.00	1263.60	4657.50	3726.00
	材料费(元)				65.22	311.30	63.86
	机械费(元)				450.35	2093.72	1441.12
组成内容		**单位**	**单价**	**数量**			
人工	综合工	工日	135.00	15.60	9.36	34.50	27.60
材料	风镐尖	个	12.98		5.00	6.00	4.80
	乙炔气 5.5～6.5kg	m^3	16.13			9.18	
	氧气 $6m^3$	m^3	2.88			27.00	
	零星材料费	元			0.32	7.59	1.56
机械	内燃空气压缩机 $9m^3/min$	台班	450.35		1.00	4.50	3.20
	气焊设备 $3m^3$	台班	14.92			4.50	

9.伐树、伐树根(挖树兜)

工作内容:锯倒、砍枝、截断、刨挖、清理异物、就近堆放整齐。

单位:10棵

编号				3-54	3-55	3-56	3-57	3-58	3-59	3-60	3-61
项目				伐树				伐树根(挖树兜)			
				离地面20cm处树干直径(cm)							
				30以内	40以内	50以内	50以外	30以内	40以内	50以内	50以外
预算基价	总价(元)			**411.75**	**824.85**	**1224.45**	**2744.55**	**747.90**	**1482.30**	**2126.25**	**2964.60**
	人工费(元)			411.75	824.85	1224.45	2744.55	747.90	1482.30	2126.25	2964.60
组成内容		**单位**	**单价**	**数量**							
人工	综合工	工日	135.00	3.05	6.11	9.07	20.33	5.54	10.98	15.75	21.96

第二章　施工排水、降水工程

说　明

一、本章包括打拔井点、大口井、工程排水和挖还水窝子等内容。施工排水降水费是指为确保工程在正常条件下施工所采取的各种排水、降水措施所发生的费用。

二、本章施工排水与降水费用不包括给水管道沟槽排水基价子目。

三、水窝子为一个整体计算，单项表示。

四、挖深小于4m或槽（坑）底标高在大沽水平零以上时按水窝子降水考虑；挖深超过4m或标高在大沽水平零以下时，可采用井点或大口井方法配合降水。

五、井点组装拆除、机具迁移、设备安装所需费用均已纳入打拔井点基价内，不另计算。

六、井点花管，管径为50cm，组装长度为2m，总长分9m以内和9m以外两种，井点间距为1m。

七、井点抽水机组按顶管工作坑考虑，每个工作坑安设一部机组。

工程量计算规则

一、管道槽排水窝子的工程量按管道槽长度每50m计算一座，不足50m、超过25m的按一座计算，25m以内不计。深度按管道槽深度计算。

二、基坑排水周期依照施工组织设计或施工方案规定，按台班计算。

三、顶管工作坑及井点排水的排水台班，*DN*1000～*DN*1500管以40m为单位计算，周期40天；*DN*1650～*DN*1960管以34m为单位计算，周期45天；每昼夜3个台班。

四、井点排水以35根井管为一组，20根以上、不足35根时按一组考虑。井点排水台班数量按施工组织设计确定的排水期计算。

1.打 拔 井 点

工作内容：设备安拆、井点组装、运输打拔、连接、挖填沉淀池。

单位：10根

编号				3-62	3-63
项目				打拔井点	
				9m以内	9m以外
预算基价	总价(元)			**6882.94**	**8442.23**
	人工费(元)			5044.95	6003.45
	材料费(元)			807.79	824.26
	机械费(元)			1030.20	1614.52
组成内容		单位	单价	数量	
人工	综合工	工日	135.00	37.37	44.47
材料	粗砂	t	86.63	5.96	5.96
	花管 φ50	m	77.59	0.67	0.67
	横管 φ100	m	53.42	0.33	0.33
	立管 φ50	m	24.36	2.00	2.66
	高压胶管	m	26.43	0.33	0.33
	树棕	kg	19.28	4.30	4.30
	镀锌钢丝 0.7～1.2	kg	7.34	2.00	2.00
	镀锌钢丝 2.8～4.0	kg	6.91	0.87	0.87
	综合螺栓 M20×(35～100)	个	3.03	0.03	0.03
	窗纱	m	7.46	5.50	5.50
	零星材料费	元		19.70	20.10
机械	井点钻机 汽车式	台班	444.30	1.76	2.63
	卷扬机 电动单筒慢速 50kN	台班	211.29	0.94	1.76
	电动单级离心清水泵 50mm	台班	28.19	1.76	2.63

2.大 口 井

工作内容：放线定位、装拆钻机、移动机位钻孔、疏通泥浆沟、清淤泥、安设滤水管、填充砂石料，材料场内运输。　　　**单位：**10m

编　　号				3-64	3-65
项　　目				大口井	
				直径	
				*D*400	*D*600
预算基价	总　　价(元)			**3749.47**	**4680.96**
	人　工　费(元)			1863.00	2295.00
	材　料　费(元)			1320.26	1752.12
	机　械　费(元)			566.21	633.84
组 成 内 容		**单位**	**单价**	**数　　量**	
人工	综合工	工日	135.00	13.80	17.00
材料	无砂管	m		10.50×78.70	10.50×93.68
	粗砂	t	86.63	1.02	2.22
	黏土	m^3	53.37	1.26	2.83
	油毡（综合）	m^2	3.83	10.40	14.50
	石油沥青 10#	kg	4.04	7.60	10.60
	板材	m^3	2302.20	0.02	0.02
	铁件 含制作费	kg	9.49	3.10	3.50
	镀锌钢丝 2.8~4.0	kg	6.91	3.10	3.50
	水	m^3	7.62	18.20	23.70
	零星材料费	元		32.20	42.73
机械	工程钻机 *D*800	台班	472.23	0.60	0.70
	电动单级离心清水泵 100mm	台班	34.80	0.20	0.20
	泥浆泵 100mm	台班	204.13	0.60	0.70
	汽车式起重机 8t	台班	767.15	0.20	0.20

3.工 程 排 水

工作内容：排水、降低地下水配合施工。

编　　号				3-66	3-67	3-68	3-69
项　　目				井点排水射流泵（台日）	电动清水泵		
					*DN*100以内（台班）	*DN*150以内（台班）	*DN*200以内（台班）
预算基价	总　　价(元)			**185.70**	**34.80**	**57.91**	**88.54**
	机　械　费(元)			185.70	34.80	57.91	88.54
组 成 内 容		**单位**	**单价**	**数　　量**			
机械	射流井点泵 9.50m	台班	61.90	3.00			
	电动单级离心清水泵 100mm	台班	34.80		1.00		
	电动单级离心清水泵 150mm	台班	57.91			1.00	
	电动单级离心清水泵 200mm	台班	88.54				1.00

4.挖还水窝子

工作内容： 1.挖：挖土、支撑、码砌井、下沉。2.回填：拆撑、回填、分层夯实、材料现场倒运。 **单位：** 座

编号				3-70	3-71
项目				挖还水窝子	
				人工做水窝子	回填水窝子
预算基价	总价(元)			**948.03**	**843.75**
	人工费(元)			843.75	843.75
	材料费(元)			104.28	
组成内容		单位	单价	数量	
人工	综合工	工日	135.00	6.25	6.25
材料	机砖	千块	441.10	0.150	
	井盘	m^3	884.31	0.033	
	草袋 840×760	条	2.13	3.00	
	零星材料费	元		2.54	

第三章　临 时 工 程

说　明

一、本章包括修筑临时路、便桥，简易护栏，架设临时动力线和铺设临时供水、排水管道等内容。

二、进入施工现场如无可供载重汽车运输的道路时，应尽量利用原有道路，加固使用。如无适当道路，可修筑临时道路。

三、临时便桥包括木便桥、汽车便桥、钢板便桥。本册基价中临时汽车便桥按荷载4t考虑；临时木便桥桥宽按行人2m、行车4m考虑；临时钢板便桥已考虑施工前后铺拆钢板的用工和机械。同一地点铺设钢板，无论实际铺拆次数，均按一次计算。

四、临时供水管道措施费指改建给水管道时停水给用户供水的临时配水管道所发生的费用。基价中包括刨槽、安装、拆除、回填、维修的全部工料机费用及管件、阀门、闸井、支线水管、水嘴等的费用。除按干线长度套基价列项外，其他项目不另计算。

五、临时排水管道是指现场无可供排水的下水道、河道、水坑，须铺设临时排水管道所发生的费用。基价中包括刨槽、安装、拆除、回填、检查井、出水口以及加固、维修的工料机费用。

六、架设临时动力线适用于变压器降低后的线路（二次线）延伸至100m以外的延长部分，包括干线和支线，在管道中的支管线路视为支线，不包括接向动力的引线。基价项目采用分期摊销方法，按各型变压器考虑。其使用期限为：

变压器额定容量在100kV•A以内，其动力线使用期为4个月；

变压器额定容量在180kV•A以内，其动力线使用期为7个月；

变压器额定容量在320kV•A以内，其动力线使用期为10个月。

工程量计算规则

一、施工便道按便道的长度和宽度尺寸以面积计算。

二、现场简易护栏以施工路段长度按路单侧长度计算。

三、临时便桥：

1.临时木便桥按管道槽的上口宽增加2m乘以管道长度以面积计算。

2.临时汽车便桥按桥宽乘以桥长以面积计算。

3.临时钢板便桥按桥宽（行车宽度）计算。

四、架设临时动力线工程量按变压器降低后的线路（二次线）延伸至100m以外的延长部分计算。

五、临时供水管道及临时排水管道按施工组织设计中明确的等级（或管径）和数量（或长度、宽度）计算。

1.施工用临时供水管道按引水地点到水压试验进水口（或现场施工用水水嘴）的距离计算。改建给水管道时为用户供水的临时管道，按实际发生计算。

2.临时排水管道按现场排水口到排水管道出水口管道中心线的长度计算。

1.修筑临时路、便桥

工作内容：1.清除杂物、拌和材料、整平、碾压等修筑简易路的全部工序。2.临时木便桥包括绑拆架子、排水、铺拆板子、材料场内运输。3.临时钢板便桥包括铺拆钢板。4.临时汽车便桥包括节点铁件连接、打拔桩、铺拆桥面及护栏等、材料现场运输。

编号				3-72	3-73	3-74	3-75
项目				临时路（100m²）	临时木便桥（100m²）	临时汽车便桥（100m²）	临时钢板便桥（10m）
预算基价	总价（元）			**1657.46**	**13297.46**	**38373.12**	**3014.60**
	人工费（元）			226.80	10413.90	30352.05	513.00
	材料费（元）			1222.62	2883.56	5583.77	967.30
	机械费（元）			208.04		2437.30	1534.30
组成内容		单位	单价	数量			
人工	综合工	工日	135.00	1.68	77.14	224.83	3.80
材料	碴石 0.2～8	t	85.20	14.000			
	板材	m³	2302.20		0.167	0.277	
	原木	m³	1686.44			0.227	
	方木	m³	3266.74			0.251	
	杉篙	m³	984.48		0.118	0.007	
	铁件 含制作费	kg	9.49			375.00	
	钢板（中厚）	t	3876.58				0.157
	圆钉	kg	6.68		3.80		
	镀锌钢丝 2.8～4.0	kg	6.91		331.00	6.00	
	周转材料运费	元					335.09
	零星材料费	元		29.82	70.33	136.19	23.59
机械	履带式推土机 75kW	台班	904.54	0.23			
	汽车式起重机 8t	台班	767.15				2.00
	卷扬机 电动单筒慢速 30kN	台班	205.84			7.16	
	卷扬机 电动单筒慢速 50kN	台班	211.29			4.56	

2.简 易 护 栏

工作内容：纤维布护栏包括安装、拆除及材料现场运输。 **单位：**100m

编号				3-76	3-77	3-78
项目				纤维布护栏	钢板护栏	
				高2.5m	高1.8m以内	高2.4m以内
预算基价	总价(元)			**354.17**	**1323.36**	**1762.53**
	人工费(元)			118.80	303.75	405.00
	材料费(元)			124.48	996.34	1328.45
	机械费(元)			110.89	23.27	29.08
组成内容		**单位**	**单价**	**数量**		
人工	综合工	工日	135.00	0.88	2.25	3.00
材料	预制混凝土支墩 C25	m^3		(0.09)		
	海蓝色V板	m^2	20.77		46.80	62.40
	脚手钢管	kg	3.92	3.54		
	纤维布	m	1.30	83.20		
	零星材料费	元		2.44	24.30	32.40
机械	载货汽车 5t	台班	443.55	0.25		
	小型机具	元			23.27	29.08

3.架设临时动力线

工作内容：架线、竣工后拆除，现场200m内拆除。

单位：100m

编号				3-79	3-80	3-81	3-82
项目				架设临时动力线			
				变压器100kV•A以内	变压器180kV•A以内	变压器320kV•A以内	变压器100kV•A以内（单干带横栏）
预算基价	总价（元）			**2057.46**	**2586.28**	**3246.20**	**4632.76**
	人工费（元）			1687.50	1772.55	1856.25	2362.50
	材料费（元）			369.96	813.73	1389.95	2270.26
组成内容		**单位**	**单价**	**数量**			
人工	综合工	工日	135.00	12.50	13.13	13.75	17.50
材料	原木	m^3	1686.44	0.010	0.010	0.010	0.010
	橡皮铝线	m		12.36×2.88（$25mm^2$）	21.64×4.13（$35mm^2$）	30.90×4.13（$35mm^2$）	31.80×4.13（$35mm^2$）
	橡皮铝线	m		37.08×6.49（$50mm^2$）	64.92×9.15（$70mm^2$）	92.70×12.07（$95mm^2$）	158.40×12.07（$95mm^2$）
	方木	m^3	3266.74				0.020
	镀锌钢丝 2.8～4.0	kg	6.91	7.14	11.22	11.22	11.22
	瓷瓶子 2#	个	1.92	8.00	8.00	8.00	8.00
	拉线瓷瓶 2# 红白带眼	个	1.65	1.00	1.00	1.00	1.00
	周转材料运费	元		2.87	2.87	2.87	2.87
	零星材料费	元		7.63	16.06	29.17	47.43

4.铺设临时供水、排水管道

工作内容：埋管起管的挖还土、管材、管件、阀门、水嘴等的安拆，施工期间的维修，清理现场。 **单位：**10m

编号				3-83	3-84	3-85	3-86	3-87	3-88	3-89	3-90	3-91
项目				临时供水管道			临时排水钢管			临时排水铸铁管		
				*DN*75	*DN*100	*DN*150	*DN*200	*DN*300	*DN*400	*DN*200	*DN*300	*DN*400
预算基价	总价(元)			**2081.62**	**2225.57**	**2736.75**	**1636.85**	**2458.99**	**2922.02**	**1593.13**	**2495.68**	**2850.77**
	人工费(元)			1881.90	2008.80	2320.65	1206.90	1790.10	2031.75	1302.75	1984.50	2173.50
	材料费(元)			185.71	199.15	383.96	139.03	217.14	310.98	213.04	382.49	510.40
	机械费(元)			14.01	17.62	32.14	290.92	451.75	579.29	77.34	128.69	166.87
组成内容		**单位**	**单价**	**数量**								
人工	综合工	工日	135.00	13.94	14.88	17.19	8.94	13.26	15.05	9.65	14.70	16.10
材料	铸铁管	m		1×92.64	1×98.66	1×124.42						
	铸铁管	m								0.67×171.83	0.67×316.01	0.67×395.86
	钢管	m					0.5×95.64	0.5×137.52	0.5×196.20			
	电焊条	kg	7.59				0.84	1.63	2.66			
	氧气 6m³	m³	2.88				0.24	0.39	0.57			
	乙炔气 5.5~6.5kg	m³	16.13				0.12	0.20	0.29			
	接口材料费	元		6.61	8.44	8.52				10.96	17.91	19.34
	周转材料运费	元		4.35	5.65	8.43	7.34	18.60	30.69	12.08	39.79	70.15
	零星材料费	元		82.11	86.40	242.59	74.87	113.06	155.68	74.87	113.06	155.68
机械	汽车式起重机 10t	台班	838.68				0.12	0.18	0.22	0.07	0.10	0.13
	电焊机 30kV·A	台班	87.97				1.43	2.14	2.89			
	综合机械费	元		14.01	17.62	32.14	64.48	112.53	140.55	18.63	44.82	57.84

工作内容：埋管起管的挖还土、管材、管件、阀门、水嘴等的安拆，施工期间的维修，清理现场。

单位：100m

编　号				3-92
项　目				临时排水水泥泄水管
				d300
预算基价	总　价(元)			**4433.32**
	人　工　费(元)			3948.75
	材　料　费(元)			484.57
组 成 内 容		**单位**	**单价**	**数　量**
人工	综合工	工日	135.00	29.25
材料	承插口水泥管 $d300\times4$m	m	91.75	5.00
	氯丁橡胶圈 DN300	个	9.33	2.00
	零星材料费	元		7.16

第四章　其 他 工 程

说　　明

一、本章包括场地平整,地下设施加固处理,砂石垫层,还填石灰土,还填土方,买土,挖淤泥,大型机械进出场费,汽车运(弃)土、废料等内容。

二、还土或还石灰土基价中未列黄土费用,按就地取土考虑;如需改换土壤或现场内土量不满足使用时,可增加买土费用。

三、大型机械进出场费是指机械整体或分体自停放地点运至施工现场或由一个施工地点运至另一个施工地点所发生的机械进出场的运输及转移费用。

1.进出场费中已包括往返一次的费用。

2.进出场费只适用于外环线以内的工程。

3.进出场费已包括了相关机械的臂杆、铲斗及附件、道木、道轨的运费。

4. 10t以内汽车式起重机,不计取场外开行费;10t以外汽车式起重机,每进出场一次的场外开行费按其台班单价的25%计算。

5.机械运输路途中的台班费,不另计取。

四、混凝土构件场外运费,是指施工单位在预制构件自预制场地运至施工现场的运输费用,计价时应根据基价子目中的构件重量、长度及相应的运输里程计列。

工程量计算规则

一、套箱围堰的工程量为套箱金属结构的质量。套箱整体下沉时悬吊平台的钢结构及套箱内支撑的钢结构均已综合在基价中，不另计算。

二、地下设施加固处理按施工组织设计或设计图示尺寸按部位计算。

三、大型机械进出场费，按施工组织设计规定的大型机械进出场次数及安装拆卸台次计算。

四、大型机械进出场费：

1.自行式压路机的场外运费，按实际场外开行台班计算。

2.外环线以内的工程或由专业运输单位承运者，场外运费按实际发生费用计取。

五、预算基价中开挖土方、购买土方按自然方计算，弃运土方按松方计算，回填土方按压实方计算。

1.场 地 平 整

工作内容： 放样、场地内清除杂物、标高在正负30cm以内挖填找平。铺筑、整平、浇水、碾压。 **单位：** $100m^2$

编号				3-93	3-94	3-95
项目				场地平整	土路加固	简易路
预算基价	总价(元)			**394.89**	**1264.84**	**2564.48**
	人工费(元)			168.75	135.00	365.85
	材料费(元)				1003.20	1990.59
	机械费(元)			226.14	126.64	208.04
组成内容		**单位**	**单价**	**数量**		
人工	综合工	工日	135.00	1.25	1.00	2.71
材料	炉渣	t	135.37		7.23	9.64
	生石灰	t	309.26			2.06
	零星材料费	元			24.47	48.55
机械	履带式推土机 75kW	台班	904.54	0.25	0.14	0.23

2.地下设施加固处理

工作内容：选料、按要求加固、完工后拆除、清理、材料场内运输。 **单位：**处

编号				3-96	3-97	3-98
项目				地下设施加固处理		
				线缆加固	管道加固	电杆加固
预算基价	总价(元)			**615.56**	**829.00**	**802.03**
	人工费(元)			337.50	506.25	675.00
	材料费(元)			278.06	322.75	127.03
组成内容		单位	单价	数量		
人工	综合工	工日	135.00	2.50	3.75	5.00
材料	板材	m^3	2302.20	0.05	0.05	
	方木	m^3	3266.74	0.033	0.040	
	原木	m^3	1686.44			0.053
	镀锌钢丝 2.8～4.0	kg	6.91	7.00	10.00	5.00
	零星材料费	元		6.78	7.87	3.10

3.砂 石 垫 层

工作内容：放样、铺料、找平、夯实、材料场内运输。　　**单位：**m^3

编号				3-99	3-100	3-101	3-102
项目				砂垫层	碎石垫层	级配碎石垫层	片石垫层
预算基价	总价(元)			**297.86**	**310.97**	**403.95**	**378.83**
	人工费(元)			85.05	101.25	168.75	155.25
	材料费(元)			177.59	174.50	199.98	188.36
	机械费(元)			35.22	35.22	35.22	35.22
组成内容		**单位**	**单价**	**数量**			
人工	综合工	工日	135.00	0.63	0.75	1.25	1.15
材料	粗砂	t	86.63	2.00		0.68	
	碴石 2～4	t	85.12		2.00	1.60	
	片石	t	89.21				2.06
	零星材料费	元		4.33	4.26	4.88	4.59
机械	机动翻斗车 1t	台班	207.17	0.17	0.17	0.17	0.17

4.还填石灰土

工作内容：放样、焖筛石灰和土、拌和、分层摊铺灰土、找平、夯实、养护、材料场内运输。 **单位：**$10m^3$

编号				3-103	3-104
项目				2∶8灰土人工夯实	3∶7灰土人工夯实
预算基价	总价(元)			**1718.70**	**2005.23**
	人工费(元)			1171.81	1226.05
	材料费(元)			511.65	743.94
	机械费(元)			35.24	35.24
组成内容		**单位**	**单价**	**数量**	
人工	综合工	工日	113.00	10.37	10.85
材料	生石灰	t	309.26	1.63	2.37
	零星材料费	元		7.56	10.99
机械	电动夯实机 20～62N•m	台班	27.11	1.30	1.30

5.还填土方

工作内容：放样、分层还填土、找平、养护、夯实、材料场内运输。 **单位：**10m³

编号				3-105	3-106
项目				人工还土夯实	人机还土夯实
预算基价	总价(元)			**284.97**	**204.53**
	人工费(元)			249.73	169.50
	机械费(元)			35.24	35.03
组成内容		单位	单价	数量	
人工	综合工	工日	113.00	2.21	1.50
机械	电动夯实机 20～62N•m	台班	27.11	1.30	0.13
	履带式推土机 50kW	台班	630.16		0.05

6.买　　土

工作内容：买土。　　　　**单位：**100m³

编　　号				3-107
项　　目				买土
预算基价	总　　价(元)			**7765.00**
	材　料　费(元)			7765.00
组 成 内 容		**单位**	**单价**	**数　　量**
材料	路基黄土	m^3	77.65	100.00

7.挖　淤　泥

工作内容：1.人工机械挖淤泥，堆放。2.空压机吸泥包括装拆吸管、空压机吸泥。

编号					3-108	3-109	3-110
项目					人工挖淤泥 （$100m^3$）	空压机吸泥 （$10m^3$）	挖掘机挖淤泥 （$1000m^3$）
预算基价	总价(元)				**8835.47**	**323.03**	**15113.99**
	人工费(元)				8835.47	282.50	5297.44
	机械费(元)					40.53	9816.55
组成内容			**单位**	**单价**	**数量**		
人工	综合工		工日	113.00	78.19	2.50	46.88
机械	内燃空气压缩机 $9m^3/min$		台班	450.35		0.09	
	抓铲挖掘机 $0.5m^3$		台班	837.59			11.72

8.大型机械进出场费

工作内容： 机械整体或分体自停放地运至施工现场的运输、装卸及辅助材料的费用。 **单位：** 台次

编号				3-111	3-112	3-113	3-114
项目				大型机械场外运输			
				振动破碎机	履带式推土机		工程钻机
					90kW以内	90kW以外	D500
预算基价	总价(元)			**6438.56**	**3882.26**	**4121.20**	**4012.81**
	人工费(元)			1620.00	810.00	810.00	675.00
	材料费(元)			397.97	368.96	368.96	24.81
	机械费(元)			4420.59	2703.30	2942.24	3313.00
组成内容		**单位**	**单价**	**数量**			
人工	综合工	工日	135.00	12.00	6.00	6.00	5.00

9.汽车运(弃)土、废料

工作内容： 装车，自卸汽车运(弃)土、废料。

单位： 100m³

编号				3-115	3-116
项目				运(弃)土、废料	
				运距1km	增运1km
预算基价	总价(元)			**970.38**	**98.94**
	人工费(元)			339.00	
	机械费(元)			631.38	98.94
	组成内容	**单位**	**单价**	**数量**	
人工	综合工	工日	113.00	3.00	
机械	自卸汽车 15t	台班	989.38	0.30	0.10
	轮胎式装载机 $3m^3$	台班	1115.21	0.30	

第五章　施工措施项目

说　　明

一、本章包括安全文明施工措施费(含环境保护、文明施工、安全施工、临时设施),冬雨季施工增加费,非夜间施工照明费,竣工验收存档资料编制费,二次搬运措施费,半幅施工措施费6项。

二、安全文明施工措施费(含环境保护、文明施工、安全施工、临时设施)是指现场文明施工、安全施工所需要的各项费用和为达到环保部门要求所需要的环境保护费用以及施工企业为进行建筑安装工程施工所必须搭设的生活和生产用的临时建筑物、构筑物和其他临时设施等费用。

三、冬雨季施工增加费是指在冬期或雨期施工需增加的临时设施、防滑、排除雨雪,人工及施工机械效率降低等费用。

四、非夜间施工照明费是指为保证工程施工正常进行,在地下室等特殊施工部位施工时所采用的照明设备的安拆、维护、摊销、照明用电及人工降效等费用。

五、竣工验收存档资料编制费是指按城建档案管理规定,在竣工验收后,应提交的档案资料所发生的编制费用。

六、二次搬运措施费是指因施工场地条件限制而发生的材料、构配件、半成品等一次运输不能到达堆放地点,必须进行二次或多次搬运所发生的费用。

七、半幅施工措施费是指市政管道单项工程有三个以上路口需分段施工所增加的费用。

计 算 规 则

一、安全文明施工措施费、冬雨季施工增加费、非夜间施工照明费、竣工验收存档资料编制费、半幅施工措施费按分部分项工程费及可计量措施项目费中的人工费、机械费合计乘以相应费率计算。措施项目费率见下表。

措施项目费率表

序号	项目名称	计算基数	费率		人工费占比
			一般计税	简易计税	
1	安全文明施工措施费	人工费＋机械费 （分部分项工程项目＋可计量的措施项目）	9.16%	9.30%	16%
2	冬雨季施工增加费		2.01%	2.10%	60%
3	非夜间施工照明费		0.12%	0.13%	10%
4	竣工验收存档资料编制费		0.20%	0.22%	
5	半幅施工措施费		0.79%	0.80%	

二、二次搬运措施费：

二次搬运措施费按分部分项工程费中的材料费及可以计量的措施项目费中的材料费合计乘以相应费率计算。二次搬运措施费费率见下表。

二次搬运措施费费率表

项目名称	计算基数	费率	
		一般计税	简易计税
二次搬运措施费	材料费 （分部分项工程项目＋可计量的措施项目）	1.78%	1.71%

附　　录

附录一　混凝土及砂浆配合比

说　　明

一、本附录中各项配合比是预算基价子目中砂浆及混凝土配合比的基础数据。

二、各项配合比中均未包括制作、运输所需人工和机械。

三、各项配合比中已包括了各种材料在配制过程中的操作和场内运输损耗。

四、非砌筑砂浆的主料品种不同时,可按设计要求换算。

1.水泥混凝土

单位：m^3

编号			1	2	3	4	5	6	7
材料名称	单位	单价（元）	混凝土强度等级						
			C50	C40	C35	C30		C25	
			石子粒径						
			0.5～2cm			0.5～2cm	2～4cm	0.5～2cm	2～4cm
水泥 42.5级	t	398.99		0.346	0.313	0.299	0.291	0.283	0.274
水泥 52.5级	t	456.11	0.404						
粉煤灰	t	97.03	0.454	0.389	0.351	0.335	0.326	0.317	0.307
优质砂	t	92.45	0.565	0.597	0.664	0.670	0.646	0.675	0.652
碴石 0.5～2	t	83.90	1.201	1.268	1.234	1.244		1.254	
碴石 2～4	t	85.12					1.311		1.323
水	m^3	7.62	0.220	0.200	0.200	0.200	0.190	0.200	0.190
材料合价	元		382.99	338.90	325.38	319.64	320.50	312.81	313.45

单位：m³

编号			8	9	10	11	12	13	14
材料名称	单位	单价（元）	混凝土强度等级						
			C20		C15		C10		C20
			石子粒径						
			0.5～2cm	2～4cm	0.5～2cm	2～4cm	0.5～2cm	2～4cm	细石
水泥 42.5级	t	398.99	0.268	0.260	0.268	0.257	0.243	0.230	0.321
粉煤灰	t	97.03	0.301	0.292	0.301	0.289	0.273	0.258	0.361
优质砂	t	92.45	0.739	0.656	0.729	0.704	0.798	0.773	0.719
碴石 0.5～2	t	83.90	1.205		1.190		1.149		1.125
碴石 2～4	t	85.12		1.332		1.251		1.210	
水	m³	7.62	0.200	0.190	0.220	0.200	0.220	0.200	0.240
材料合价	元		307.08	307.55	305.05	303.68	295.30	292.78	325.79

2.砌体砂浆

单位：m^3

编号			15	16	17	18	19	20
材料名称	单位	单价（元）	水泥石灰砂浆			水泥砂浆		
			M2.5	M5	M7.5	M5	M7.5	M10
水泥 32.5级	t	357.47	0.131	0.187	0.253	0.213	0.263	0.303
生石灰	t	309.26	0.064	0.064	0.050			
石灰膏	m^3		(0.091)	(0.091)	(0.072)			
粗砂	t	86.63	1.528	1.460	1.413	1.596	1.534	1.486
水	m^3	7.62	0.600	0.400	0.400	0.220	0.220	0.220
材料合价	元		203.56	216.17	231.36	216.08	228.58	238.72

3.抹 灰 砂 浆

单位：m^3

编号			21	22	23	24	25	26	27	28
材料名称	单位	单价（元）	水泥砂浆					纯水泥浆	水泥细砂浆	
			1:3	1:2.5	1:2	1:1.5	1:1		1:1.5	1:2
水泥 32.5级	t	357.47	0.404	0.490	0.566	0.690	0.822	1.502	0.595	0.504
粗砂	t	86.63	1.466	1.480	1.369	1.276	0.994			
细砂	t	87.33							1.018	1.160
水	m^3	7.62	0.290	0.330	0.350	0.380	0.410	0.590	0.480	0.450
材料合价	元		273.63	305.89	323.59	360.09	383.07	541.42	305.25	284.90

单位：m^3

编号			29	30	31	32	33	34	35	36
材料名称	单位	单价（元）	水泥石灰砂浆			麻刀石灰浆	纸筋灰浆	石灰麻刀砂浆	石灰粗砂细砂砂浆	
			1∶1∶2	1∶1∶4	1∶1∶6			1∶3		1∶2.5
水泥 32.5级	t	357.47	0.368	0.271	0.208					
生石灰	t	309.26	0.225	0.158	0.122	0.685	0.671	0.267	0.267	0.298
石灰膏	m^3		(0.321)	(0.225)	(0.174)	(0.978)	(0.958)	(0.381)	(0.381)	(0.425)
粗砂	t	86.63	0.932	1.308	1.513			1.659	1.106	1.031
细砂	t	87.33							0.553	0.512
麻刀	kg	3.92				20.000		16.600		
纸筋	kg	3.70					38.000			
水	m^3	7.62	0.600	0.600	0.600	0.500	0.500	0.680	0.680	0.680
材料合价	元		286.44	263.62	247.73	294.05	351.92	296.55	231.86	231.37

单位：m^3

编号			37	38	39	40	41	42	43
材料名称	单位	单价（元）	水泥白石子浆	水泥石屑浆	混合砂浆		聚醋酸乙烯抹灰砂浆		
							聚醋酸乙烯抹灰砂浆	素水泥浆	水泥砂浆
			1:2		1:0.5:1	1:0.5:4	灰砂比 1:1.5 液水比 1:3 水灰比 1:0.55	水灰比 1:0.4	灰砂比 1:1.5 水灰比 1:0.4
水泥 32.5级	t	357.47	0.624	0.610	0.614	0.307	0.712	1.398	0.777
水	m^3	7.62	0.250	0.250	0.470	0.250	0.329	0.626	0.348
白石子	t	192.70	1.669						
土石屑	t	82.75		1.482					
生石灰	t	309.26			0.179	0.089			
石灰膏	m^3				(0.256)	(0.127)			
粗砂	t	86.63			0.741	1.471	1.085		1.183
聚醋酸乙烯乳液	kg	9.51					101.800		
材料合价	元		546.58	342.60	342.62	266.61	1319.14	504.51	382.89

附录二　材料价格

说　明

一、本附录材料价格为不含税价格，是确定预算基价子目中材料费的基期价格。

二、材料价格由材料采购价、运杂费、运输损耗费和采购及保管费组成。计算公式如下：

采购价为供货地点交货价格：

材料价格＝(采购价＋运杂费)×(1＋运输损耗率)×(1＋采购及保管费费率)

采购价为施工现场交货价格：

材料价格＝采购价×(1＋采购及保管费费率)

三、运杂费指材料由供货地点运至工地仓库(或现场指定堆放地点)所发生的全部费用。运输损耗指材料在运输装卸过程中不可避免的损耗，材料损耗率如下表：

材料损耗率表

材 料 类 别	损 耗 率
页岩标砖、空心砖、砂、水泥、陶粒、耐火土、水泥地面砖、白瓷砖、卫生洁具、玻璃灯罩	1.0%
机制瓦、脊瓦、水泥瓦	3.0%
石棉瓦、石子、黄土、耐火砖、玻璃、色石子、大理石板、水磨石板、混凝土管、缸瓦管	0.5%
砌块、白灰	1.5%

注：表中未列的材料类别，不计损耗。

四、采购及保管费是指为组织采购、供应和保管材料、工程设备的过程中所需要的各项费用。采购及保管费费率按0.42%计取。

五、附录中材料价格是编制期天津市建筑材料市场综合取定的施工现场交货价格，并考虑了采购及保管费。

六、采用简易计税方法计取增值税时，材料的含税价格按照税务部门有关规定计算，以“元”为单位的材料费按系数1.1086调整。

材料价格表

序号	材料名称	规格	单位	单位质量(kg)	单价(元)	附注
1	水泥	32.5级	kg		0.36	
2	水泥	32.5级	t		357.47	
3	水泥	42.5级	t		398.99	
4	水泥	52.5级	t		456.11	
5	普通硅酸盐水泥	32.5级	kg		0.35	
6	膨胀水泥		kg		1.00	
7	机砖		千块		441.10	
8	碎砖		m^3		23.43	
9	生石灰		kg		0.30	
10	生石灰		t		309.26	
11	粉煤灰		t		97.03	
12	炉渣		t		135.37	
13	黏土		m^3		53.37	
14	路基黄土		m^3		77.65	
15	膨润土		kg		0.39	
16	砂子	中砂	m^3		89.44	
17	细砂		t		87.33	
18	粗砂		t		86.63	
19	优质砂		t		92.45	
20	龙口打井砂		t		70.40	
21	片石	毛石	t		89.21	
22	碎石	40mm	m^3		74.53	
23	砾石	40mm	m^3		94.41	
24	块石		m^3		84.47	
25	土石屑		t		82.75	
26	白石子	大、中、小八厘	t		192.70	

序号	材料名称	规格	单位	单位质量(kg)	单价(元)	附注
27	碴石	0.2～8	t		85.20	
28	碴石	0.5～2	t		83.90	
29	碴石	2～4	t		85.12	
30	玻璃管	ϕ12	m		10.42	
31	油毡	（综合）	m^2		3.83	
32	玻璃布	0.2无碱	m^2		4.18	
33	石油沥青	10#	kg		4.04	
34	防水粉		kg		4.21	
35	石棉绒		kg		12.32	
36	石棉盘根	油浸4～5	kg		31.14	
37	石棉橡胶板	δ3	kg		15.68	
38	石棉橡胶板	耐油2.1以外	kg		33.70	
39	石棉橡胶板	低压 δ0.8～6.0	kg		19.35	
40	水泥砂浆	1:2	m^3		350.77	
41	水泥砂浆	M7.5	m^3		276.98	
42	预拌混凝土	AC10	m^3		430.17	
43	预拌混凝土	AC15	m^3		439.88	
44	预拌混凝土	AC20	m^3		450.56	
45	预拌混凝土	AC25	m^3		461.24	
46	预拌混凝土	AC30	m^3		472.89	
47	预拌混凝土	AC35	m^3		487.45	
48	预拌混凝土	AC40	m^3		504.93	
49	预拌混凝土	AC45	m^3		533.08	
50	预拌混凝土	AC50	m^3		565.12	
51	预拌混凝土	BC55	m^3		600.07	
52	预拌混凝土	BC60	m^3		640.85	

续表

序号	材料名称	规格	单位	单位质量(kg)	单价(元)	附注
53	预拌混凝土	BC20 P6	m^3		466.09	
54	预拌混凝土	BC25 P8	m^3		477.74	
55	预拌混凝土	BC30 P8	m^3		490.36	
56	预拌混凝土	BC35 P8	m^3		504.93	
57	预拌混凝土	BC40 P8	m^3		519.49	
58	板材		m^3		2302.20	
59	原木		m^3		1686.44	
60	杉篙		m^3		984.48	
61	方木		m^3		3266.74	
62	竹片		m^2		11.75	11.25片/m^2
63	木模板		m^3		1982.88	
64	铁件	含制作费	kg		9.49	
65	镀锌钢丝	0.7～1.2	kg		7.34	
66	镀锌钢丝	2.8～4.0	kg		6.91	
67	钢筋	*D*10以内	t		3970.73	
68	钢筋	*D*10以外	t		3799.94	
69	钢板	4.5～10	kg		3.79	
70	钢板	10～12	kg		3.67	
71	钢板(中厚)	(综合)	t		3876.58	
72	镀锌薄钢板		m^2		17.48	
73	热轧薄钢板	3.5～5.5	kg		3.70	
74	热轧一般无缝钢管	*D*108×4.5	m		52.59	
75	热轧一般无缝钢管	*D*159×6	m		100.55	
76	热轧一般无缝钢管	*D*219×8	m		162.97	
77	热轧一般无缝钢管	*D*325×8	m		290.24	
78	冷拔无缝钢管	*D*22×2.5	m	1.20	6.23	

续表

序号	材料名称	规格	单位	单位质量(kg)	单价(元)	附注
79	焊接钢管	*DN*15	m	1.26	4.84	
80	焊接钢管	*DN*20	m	1.63	6.32	
81	焊接钢管	*DN*25	m	2.42	9.32	
82	焊接钢管	*DN*32	m	3.13	12.02	
83	焊接钢管	*DN*40	m	3.84	14.72	
84	焊接钢管	*DN*50	m	4.88	18.68	
85	焊接钢管	*DN*75	m	8.34	30.51	
86	焊接钢管	*DN*100	m	10.85	41.28	
87	镀锌钢管	*DN*20	m		8.60	
88	镀锌钢管	*DN*32	m		16.11	
89	钢管	*DN*150	m		68.51	
90	钢管	*DN*200	m		95.64	
91	钢管	*DN*250	m		123.71	
92	钢管	*DN*300	m		137.52	
93	钢管	*DN*350	m		162.88	
94	钢管	*DN*400	m		196.20	
95	钢管	*DN*450	m		214.93	
96	钢管	*DN*500	m		238.44	
97	钢管	*DN*600	m		311.91	
98	钢管	*DN*700	m		352.63	
99	钢挡板	*DN*300	个	23.94	118.34	
100	钢挡板	*DN*400	个	27.50	135.36	
101	钢挡板	*DN*500	个	31.02	153.36	
102	金属构件钢材	走道钢板	t		3706.12	
103	紫铜皮	$\delta 2$	kg		82.66	
104	铜管	*DN*12×1.2	kg		69.92	

续表

序号	材料名称	规格	单位	单位质量(kg)	单价(元)	附注
105	青铅		kg		22.81	
106	扒钉		kg		8.58	
107	圆钉		kg		6.68	
108	电焊条	E4303 *D*3.2	kg		7.59	
109	气焊条		kg		7.33	
110	铜焊条		kg		45.64	
111	铜焊粉	气剂301瓶装	kg		39.05	
112	锡焊料		kg		59.85	
113	木螺钉	M5×30	个		0.12	
114	综合螺栓	M20×(35～100)	个		3.03	
115	铜六角螺栓	M8	套		1.82	
116	带帽捞杆螺栓	M19×500	套		9.02	
117	带帽捞杆螺栓	M25×500	套		11.48	
118	带帽捞杆螺栓	M30×510	套		16.73	
119	带帽捞杆螺栓	M30×1480	套		48.13	
120	膨胀螺栓	M8×60	套		0.55	
121	地脚螺栓	M30×500	个		14.94	
122	地脚螺栓	M36×500	个		19.58	
123	带帽螺栓	M16×75	套		1.46	
124	带帽螺栓	M12×100	套		3.34	
125	带帽螺栓	M20×95	套		2.59	
126	带帽螺栓	M20×100	套		6.25	
127	带帽螺栓	M16×130	套		1.60	
128	带帽螺栓	M20×130	套		2.64	
129	带帽螺栓	M22×110	套		3.42	
130	带帽螺栓	M24×100	套		4.03	

序号	材料名称	规格	单位	单位质量(kg)	单价(元)	附注
131	带帽螺栓	M24×130	套		4.17	
132	带帽螺栓	M24×150	套		4.34	
133	带帽螺栓	M27×130	套		6.26	
134	带帽螺栓	M30×115	套		11.48	
135	带帽螺栓	M30×140	套		12.20	
136	带帽螺栓	M36×120	套		10.31	
137	铜螺母	M8	个		0.69	
138	螺母	M30	个		2.37	
139	螺母	M36	个		2.97	
140	垫圈	M30	个		0.33	
141	垫圈	M36	个		0.35	
142	铜垫圈	M8	个		0.30	
143	脚手钢管		kg		3.92	
144	风镐尖		个		12.98	
145	钢锯条		根		0.34	
146	钢卡子	*DN*300	个	7.01	25.68	
147	钢卡子	*DN*400	个	8.04	29.43	
148	钢卡子	*DN*500	个	9.06	33.17	
149	调和漆	(综合)	kg		14.11	
150	铅油(厚漆)		kg		9.80	
151	清油		kg		15.06	
152	稀料		kg		10.88	
153	红丹防锈漆		kg		15.51	
154	煤焦沥青漆	L01-17	kg		11.34	
155	环氧涂料底漆		kg		17.83	
156	环氧涂料面漆		kg		32.88	

序号	材料名称	规格	单位	单位质量(kg)	单价(元)	附注
157	环氧涂料固化剂		kg		56.74	
158	环氧涂料稀释剂		kg		14.00	
159	三氯乙烯		kg		7.74	
160	聚醋酸乙烯乳液		kg		9.51	
161	不饱和聚酯树脂		kg		18.17	
162	环烷酸钴		kg		16.96	
163	过氧化环己酮		kg		19.47	
164	硫酸钙		kg		1.56	
165	硫酸镁	99.5%	kg		1.04	
166	丙酮		kg		9.89	
167	漂白粉	32%	kg		1.56	
168	氧气	6m^3	m^3		2.88	
169	乙炔气	5.5~6.5kg	m^3		16.13	
170	胶粘剂		kg		24.23	
171	煤		kg		0.53	
172	汽油	90#	kg		7.16	
173	机油	(综合)	kg		7.21	
174	润滑油		kg		11.21	
175	黄油		kg		3.14	
176	草袋		m^2		3.34	1.566条/m^2
177	草袋	840×760	条		2.13	
178	纸筋		kg		3.70	
179	麻刀		kg		3.92	
180	麻布		m^2		15.22	0.877m/m^2
181	油麻		kg		16.48	
182	油麻盘根		kg		30.16	
183	砂布		张		0.93	

序号	材料名称	规格	单位	单位质量(kg)	单价(元)	附注
184	破布		kg		5.07	
185	清洁棉布		kg		21.94	
186	棉纱		kg		16.11	
187	布袋	1.2m×1.1m	个		7.58	
188	纤维布		m		1.30	
189	橡胶板	25%	kg		10.31	
190	胶管	*D*25	m		27.86	
191	高压胶管		m		26.43	
192	塑料薄膜		m^2		1.90	
193	塑料布	0.25	m^2	0.24	1.96	
194	水		m^3		7.62	
195	电		kW•h		0.75	
196	松香水		kg		9.92	
197	树棕		kg		19.28	
198	黑铅粉		kg		0.44	
199	滑石粉		kg		0.59	
200	窗纱	18目1m宽(绿)	m		7.46	
201	尼龙砂轮片	*D*100	片		3.92	
202	镀锌月弯	*DN*20	个		3.13	
203	镀锌月弯	*DN*25	个		4.92	
204	镀锌月弯	*DN*32	个		5.82	
205	镀锌月弯	*DN*40	个		9.85	
206	镀锌月弯	*DN*50	个		10.74	
207	镀锌弯头	*DN*20	个		1.54	
208	镀锌弯头	*DN*25	个		2.24	
209	镀锌弯头	*DN*32	个		3.42	
210	镀锌弯头	*DN*40	个		4.40	

序号	材料名称	规格	单位	单位质量(kg)	单价(元)	附注
211	镀锌弯头	DN50	个		6.74	
212	镀锌三通	DN20	个		2.05	
213	镀锌三通	DN25	个		3.05	
214	镀锌三通	DN32	个		5.08	
215	镀锌三通	DN40	个		6.06	
216	镀锌三通	DN50	个		8.84	
217	玛铁三通	DN20	个		1.49	
218	玛铁三通	DN25	个		2.33	
219	玛铁三通	DN32	个		3.65	
220	玛铁三通	DN40	个		4.41	
221	玛铁三通	DN50	个		6.70	
222	玛铁三通	DN65	个		13.43	
223	玛铁三通	DN75	个		18.08	
224	玛铁三通	DN50×20	个		6.05	
225	镀锌活接头	DN20	个		3.37	
226	镀锌活接头	DN25	个		4.71	
227	镀锌活接头	DN32	个		6.40	
228	镀锌活接头	DN40	个		9.16	
229	镀锌活接头	DN50	个		12.00	
230	镀锌内接头	DN20	个		1.07	
231	镀锌内接头	DN25	个		1.70	
232	镀锌内接头	DN32	个		3.04	
233	镀锌内接头	DN40	个		3.22	
234	镀锌内接头	DN50	个		4.66	
235	玛铁活接头	DN20	个		5.37	
236	镀锌外接头	DN20	个		3.13	
237	镀锌异径外接头	DN20	个		3.13	

序号	材料名称	规格	单位	单位质量(kg)	单价(元)	附注
238	镀锌外接头	*DN*25	个		4.48	
239	镀锌异径外接头	*DN*25	个		4.48	
240	镀锌外接头	*DN*32	个		5.55	
241	镀锌异径外接头	*DN*32	个		5.55	
242	镀锌外接头	*DN*40	个		8.95	
243	镀锌异径外接头	*DN*40	个		8.95	
244	镀锌外接头	*DN*50	个		10.74	
245	镀锌异径外接头	*DN*50	个		10.74	
246	镀锌补芯	*DN*20	个		0.88	
247	玛铁补径	*DN*50×20	个		4.92	
248	镀锌丝堵	*DN*20	个		0.69	
249	镀锌管堵	*DN*20	个		0.81	
250	镀锌管堵	*DN*25	个		1.16	
251	镀锌管堵	*DN*32	个		1.34	
252	镀锌管堵	*DN*40	个		2.06	
253	镀锌管堵	*DN*50	个		3.40	
254	玛铁管堵	*DN*15	个		0.60	
255	玛铁管堵	*DN*20	个		0.68	
256	玛铁管堵	*DN*25	个		0.96	
257	玛铁管堵	*DN*32	个		1.47	
258	玛铁管堵	*DN*40	个		2.06	
259	玛铁管堵	*DN*50	个		3.40	
260	玛铁管堵	*DN*65	个		5.19	
261	玛铁管堵	*DN*75	个		6.71	
262	塑料软管	ϕ12	m		0.57	
263	截止阀	J11T-16 *DN*15	个		18.18	
264	螺纹闸阀	Z15T-10K *DN*20	个		14.56	

序号	材料名称	规格	单位	单位质量（kg）	单价（元）	附注
265	钢法兰堵板	DN50	个		39.84	
266	钢法兰堵板	DN100	个		66.51	
267	钢法兰堵板	DN150	个		113.42	
268	钢法兰堵板	DN200	个		183.52	
269	钢法兰堵板	DN300	个		528.40	
270	钢法兰堵板	DN600	个		1437.53	
271	钢法兰盘	PN16 DN50	个		22.98	
272	钢法兰盘	PN16 DN75	个		36.56	
273	钢法兰盘	PN16 DN100	个		48.19	
274	钢法兰盘	PN16 DN125	个		62.88	
275	钢法兰盘	PN16 DN150	个		79.27	
276	钢法兰盘	PN16 DN200	个		119.54	
277	钢法兰盘	PN16 DN250	个		246.34	
278	钢法兰盘	PN16 DN300	个		365.92	
279	钢法兰盘	PN16 DN350	个		487.00	
280	钢法兰盘	PN16 DN400	个		689.44	
281	钢法兰盘	PN16 DN500	个		1195.37	
282	钢法兰盘	PN16 DN600	个		1109.10	
283	钢法兰盘	PN16 DN700	个		1153.71	
284	钢法兰盘	PN16 DN800	个		1299.85	
285	钢法兰盘	PN16 DN900	个		1622.98	
286	钢法兰盘	PN16 DN1000	个		2100.33	
287	钢法兰盘	PN16 DN1200	个		1724.41	
288	钢法兰盘	PN16 DN1400	个		3152.32	
289	钢法兰盘	PN16 DN1600	个		3818.79	
290	钢法兰盘	PN16 DN1800	个		4105.20	
291	水嘴	DN15	个		7.28	

续表

序号	材料名称	规格	单位	单位质量(kg)	单价(元)	附注
292	支撑圈	*DN*75	套		9.14	
293	支撑圈	*DN*100	套		10.07	
294	支撑圈	*DN*150	套		20.62	
295	支撑圈	*DN*200	套		24.29	
296	支撑圈	*DN*250	套		28.77	
297	支撑圈	*DN*300	套		33.37	
298	支撑圈	*DN*350	套		39.09	
299	支撑圈	*DN*400	套		43.96	
300	支撑圈	*DN*450	套		55.11	
301	支撑圈	*DN*500	套		65.32	
302	支撑圈	*DN*600	套		78.08	
303	橡皮铝线	$25mm^2$	m		2.88	
304	橡皮铝线	$35mm^2$	m		4.13	
305	橡皮铝线	$50mm^2$	m		6.49	
306	橡皮铝线	$70mm^2$	m		9.15	
307	橡皮铝线	$95mm^2$	m		12.07	
308	瓷瓶子	$2^{\#}$	个		1.92	
309	铜接线端子	120	个		15.55	
310	拉线瓷瓶	$2^{\#}$ 红白带眼	个		1.65	
311	铜导线	BVV-0.5kV 1×10	m		5.90	
312	承插口水泥管	*d*300×4m	m		91.75	
313	平口水泥管	*d*300×1m	m		45.32	
314	无砂管	*D*400	m		78.70	
315	无砂管	*D*600	m		93.68	
316	钢筋混凝土管	*D*300	m		30.40	
317	铸铁插堵	*DN*75	个	7.86	28.14	
318	铸铁插堵	*DN*100	个	10.67	31.38	

续表

序号	材料名称	规格	单位	单位质量(kg)	单价(元)	附注
319	铸铁插堵	*DN*150	个	15.41	45.34	
320	铸铁插堵	*DN*200	个	22.61	62.76	
321	铸铁插堵	*DN*250	个	32.83	95.01	
322	铸铁插堵	*DN*300	个	43.14	127.26	
323	铸铁插堵	*DN*400	个	71.40	220.87	
324	铸铁插堵	*DN*450	个	89.19	267.29	
325	铸铁插堵	*DN*500	个	109.10	313.73	
326	铸铁插堵	*DN*600	个	158.39	426.16	
327	铸铁插堵	*DN*700	个	218.47	616.29	
328	铸铁插堵	*DN*800	个	294.31	806.42	
329	铸铁插堵	*DN*900	个	382.31	1097.52	
330	铸铁插堵	*DN*1000	个	490.82	1388.62	
331	铸铁插堵	*DN*1200	个	768.82	2134.56	
332	铸铁承堵	*DN*75	个	3.07	13.30	
333	铸铁承堵	*DN*100	个	4.49	16.45	
334	铸铁承堵	*DN*150	个	8.51	27.92	
335	铸铁承堵	*DN*200	个	14.36	38.30	
336	铸铁承堵	*DN*250	个	21.42	56.59	
337	铸铁承堵	*DN*300	个	29.16	74.88	
338	铸铁承堵	*DN*400	个	55.00	149.77	
339	铸铁承堵	*DN*450	个	69.00	191.11	
340	铸铁承堵	*DN*500	个	83.00	232.45	
341	铸铁承堵	*DN*600	个	152.00	426.16	
342	铸铁承堵	*DN*700	个	193.00	601.20	
343	铸铁承堵	*DN*800	个	249.00	776.23	
344	铸铁承堵	*DN*900	个	318.00	1045.20	
345	铸铁承堵	*DN*1000	个	442.00	1314.64	

续表

序号	材料名称	规格	单位	单位质量(kg)	单价(元)	附注
346	铸铁承堵	*DN*1200	个	636.00	1983.59	
347	铸铁承盘短管	*DN*75	个	12.78	46.57	
348	铸铁承盘短管	*DN*100	个	16.01	53.99	
349	铸铁承盘短管	*DN*150	个	23.00	75.92	
350	铸铁承盘短管	*DN*200	个	31.53	111.98	
351	铸铁承盘短管	*DN*250	个	46.21	172.79	
352	铸铁承盘短管	*DN*300	个	57.18	265.36	
353	铸铁承盘短管	*DN*350	个	72.36	329.95	
354	铸铁承盘短管	*DN*400	个	87.62	408.28	
355	铸铁承盘短管	*DN*500	个	121.11	573.39	
356	铸铁承盘短管	*DN*600	个	182.95	853.00	
357	铸铁承盘短管	*DN*700	个	237.42	1429.45	
358	铸铁承盘短管	*DN*800	个	304.04	1937.46	
359	铸铁承盘短管	*DN*900	个	370.65	2470.51	
360	铸铁承盘短管	*DN*1000	个	460.89	3003.57	
361	铸铁承盘短管	*DN*1200	个	707.44	4674.51	
362	铸铁管	A级 *DN*75	m	18.78	92.64	
363	铸铁管	A级 *DN*100	m	24.28	98.66	
364	铸铁管	A级 *DN*150	m	36.25	124.42	
365	铸铁管	A级 *DN*200	m	52.00	171.83	
366	铸铁管	A级 *DN*300	m	90.75	316.01	
367	铸铁管	A级 *DN*400	m	139.00	395.86	
368	铸铁加长插盘短管	*DN*75	个	17.90	53.94	
369	铸铁加长插盘短管	*DN*100	个	22.62	76.51	
370	铸铁加长插盘短管	*DN*150	个	36.34	114.59	
371	铸铁加长插盘短管	*DN*200	个	51.59	151.35	
372	铸铁加长插盘短管	*DN*250	个	68.05	243.81	

续表

序号	材料名称	规格	单位	单位质量(kg)	单价(元)	附注
373	铸铁加长插盘短管	DN300	个	88.41	366.81	
374	铸铁加长插盘短管	DN350	个	110.86	531.70	
375	铸铁加长插盘短管	DN400	个	143.23	633.69	
376	铸铁加长插盘短管	DN500	个	199.09	840.60	
377	铸铁加长插盘短管	DN600	个	263.65	1054.18	
378	铸铁加长插盘短管	DN700	个	337.89	1601.86	
379	铸铁加长插盘短管	DN800	个	428.18	2150.18	
380	铸铁加长插盘短管	DN900	个	545.16	2634.05	
381	铸铁加长插盘短管	DN1000	个	654.91	3118.94	
382	铸铁加长插盘短管	DN1200	个	908.12	4336.50	
383	铸铁给水井盖	D600	套	144.00	210.82	
384	铸铁煤气闸井井盖	D700	套	120.00	256.24	
385	铸铁凝水缸井井盖	D500	套	60.00	169.34	
386	铸铁水表井井盖	D500	套	54.00	166.03	
387	铸铁测流井井盖	560×400	套	175.00	500.69	
388	铸铁井盖带井座	D700 轻型	套		188.98	
389	铸铁井盖带井座	D700 重型	套		192.20	
390	铸铁盲法兰盘	DN300	个	32.06	101.06	
391	铸铁盲法兰盘	DN500	个	86.60	250.25	
392	铸铁盲法兰盘	DN600	个	127.26	375.37	
393	铸铁爬梯		kg		2.74	
394	塑钢爬梯		kg		8.65	
395	钢双盘短管	DN100	个		200.91	
396	钢双盘短管	DN150	个		298.65	
397	钢双盘短管	DN200	个		583.73	
398	钢异径双盘短管	DN600×100	个		1330.35	
399	钢异径双盘短管	DN600×150	个		1629.00	

序号	材料名称	规格	单位	单位质量(kg)	单价(元)	附注
400	钢异径双盘短管	$DN600\times200$	个		1764.75	
401	钢卡箍	$DN400$	套	37.35	125.49	
402	钢卡箍	$DN500$	套	40.37	135.65	
403	钢卡箍	$DN600\times45°$	套	44.48	149.45	
404	钢卡箍	$DN600\times90°$	套	48.98	164.58	
405	横管	$\phi100$	m		53.42	
406	花管	$\phi50$	m		77.59	
407	井盘		m^3		884.31	
408	立管	$\phi50$	m		24.36	
409	耐酸橡胶板	$\delta3$	kg		7.57	
410	海蓝色V板	0.5mm×1.8m×2m	m^2		20.77	
411	海蓝色V板	0.5mm×2.4m×2m	m^2		20.77	
412	橡胶圈	$DN90$	个		7.68	
413	橡胶圈	$DN125$	个		7.93	
414	橡胶圈	$DN160$	个		8.02	
415	橡胶圈	$DN250$	个		8.90	
416	橡胶圈	$DN315$	个		9.18	
417	橡胶圈	$DN350$	个		11.89	
418	橡胶圈	$DN400$	个		14.55	
419	橡胶圈	$DN500$	个		17.41	
420	氯丁橡胶圈	$DN300$	个		9.33	
421	预应力钢筋混凝土管胶圈	$d600$	个		26.86	
422	预应力钢筋混凝土管胶圈	$d800$	个		38.23	
423	预应力钢筋混凝土管胶圈	$d1000$	个		52.13	
424	预应力钢筋混凝土管胶圈	$d1200$	个		61.92	
425	预应力钢筋混凝土管胶圈	$d1400$	个		73.99	
426	旋塞	$DN20$	个		53.30	

附录三 施工机械台班价格

说 明

一、本附录机械不含税价格是确定预算基价中机械费的基期价格，也可作为确定施工机械台班租赁价格的参考。

二、台班单价按每台班8小时工作制计算。

三、台班单价由折旧费、检修费、维护费、安拆费及场外运费、人工费、燃料动力费和其他费组成。

四、安拆费及场外运费根据施工机械不同分为计入台班单价、单独计算和不计算三种类型。

1.工地间移动较为频繁的小型机械及部分中型机械，其安拆费及场外运费计入台班单价。

2.移动有一定难度的特、大型（包括少数中型）机械，其安拆费及场外运费单独计算。单独计算的安拆费及场外运费除应计算安拆费、场外运费外，还应计算辅助设施（包括基础、底座、固定锚桩、行走轨道枕木等）的折旧、搭设和拆除等费用。

3.不需安装、拆卸且自身能开行的机械和固定在车间不需安装、拆卸及运输的机械，其安拆费及场外运费不计算。

五、采用简易计税方法计取增值税时，机械台班价格应为含税价格，以"元"为单位的机械台班费按系数1.0902调整。

施工机械台班价格表

序号	机械名称	规格型号	台班不含税单价（元）	台班含税单价（元）	附注
1	履带式推土机	50kW	630.16	664.75	
2	履带式推土机	60kW	687.76	729.33	
3	履带式推土机	75kW	904.54	967.60	
4	履带式推土机	135kW	1192.57	1296.13	
5	抓铲挖掘机	0.5m^3	837.59	913.14	
6	轮胎式装载机	1m^3	569.56	619.35	
7	轮胎式装载机	3m^3	1115.21	1216.17	
8	电动夯实机	20～62N•m	27.11	29.55	
9	振动破碎机	（综合）	1583.43	1726.26	
10	铣刨机	LX1200	1021.55	1120.26	
11	汽车式起重机	8t	767.15	816.68	
12	汽车式起重机	10t	838.68	896.27	
13	汽车式起重机	12t	864.36	924.77	
14	汽车式起重机	16t	971.12	1043.79	
15	汽车式起重机	20t	1043.80	1124.97	
16	立式油压千斤顶	100t	10.21	10.52	
17	立式油压千斤顶	200t	11.50	11.90	
18	立式油压千斤顶	300t	16.48	17.28	
19	安装吊车	（综合）	1288.68	1400.72	混凝土、金属构件用
20	载货汽车	5t	443.55	476.28	

续表

序号	机械名称	规格型号	台班不含税单价（元）	台班含税单价（元）	附注
21	载货汽车	8t	521.59	561.99	
22	机动翻斗车	1t	207.17	214.39	
23	自卸汽车	8t	637.11	688.46	
24	自卸汽车	15t	989.38	1068.33	
25	长材运输车	8t	667.41	719.53	
26	卷扬机	电动单筒慢速 30kN	205.84	210.09	
27	卷扬机	电动单筒慢速 50kN	211.29	216.04	
28	干混砂浆罐式搅拌机		254.19	260.56	
29	滚筒式混凝土搅拌机	400L	248.56	254.67	
30	混凝土搅拌机	400L	248.56	254.67	
31	灰浆搅拌机	200L	208.76	210.10	
32	钢筋调直机	40mm	37.25	40.36	
33	钢筋弯曲机	40mm	26.22	28.29	
34	钢筋冷拉机	900kN	40.81	45.61	
35	钢筋切断机	40mm	42.81	47.01	
36	木工圆锯机	500mm	26.53	29.21	
37	木工压刨床	600mm单面	32.70	36.69	
38	立式钻床	25mm	6.78	7.64	
39	铣刨机		622.35	678.49	
40	电动多级离心清水泵	50mm	51.94	57.53	
41	电动单级离心清水泵	50mm	28.19	30.82	

续表

序号	机械名称	规格型号	台班不含税单价（元）	台班含税单价（元）	附注
42	电动单级离心清水泵	100mm	34.80	38.22	
43	电动单级离心清水泵	150mm	57.91	64.43	
44	电动单级离心清水泵	200mm	88.54	99.01	
45	高压油泵	50MPa	110.93	124.99	
46	泥浆泵	100mm	204.13	230.13	
47	试压泵	60MPa	24.94	27.39	
48	射流井点泵	9.50m	61.90	68.44	
49	电焊机	30kV•A	87.97	98.06	
50	直流电焊机	20kW	75.06	83.12	
51	对焊机	75kV•A	113.07	126.32	
52	对焊机	150kV•A	117.49	131.22	
53	气焊设备	$3m^3$	14.92	16.27	
54	电焊条烘干箱	60cm×50cm×75cm	27.16	29.58	
55	内燃空气压缩机	$3m^3/min$	227.44	252.20	
56	内燃空气压缩机	$9m^3/min$	450.35	500.78	
57	电动空气压缩机	$6m^3/min$	217.48	242.86	
58	井点钻机	汽车式	444.30	484.38	
59	工程钻机	*D*800	472.23	514.83	
60	吹风机	$4m^3/min$	20.62	22.06	
61	电熔管件熔接机		39.55	43.12	
62	金属结构下料机械	（综合）	366.82	387.71	

附录四　企业管理费、规费、利润和税金

一、企业管理费：

企业管理费是指施工企业组织施工生产和经营管理所需的费用，包括：

1.管理人员工资：是指按工资总额构成规定，支付给管理人员和后勤人员的各项费用。

2.办公费：是指企业管理办公用的文具、纸张、账表、印刷、邮电、书报、办公软件、现场监控、会议、水电、烧水和集体取暖降温（包括现场临时宿舍取暖降温）、建筑工人实名制管理等费用。

3.差旅交通费：是指职工因公出差、调动工作的差旅费、住勤补助费，市内交通费和误餐补助费，职工探亲路费，劳动力招募费，职工退休、退职一次性路费，工伤人员就医路费，工地转移费以及管理部门使用的交通工具的油料、燃料及牌照费。

4.固定资产使用费：是指管理和试验部门及附属生产单位使用的属于固定资产的房屋、设备、仪器等的折旧、大修、维修或租赁费。

5.工具用具使用费：是指企业施工生产和管理使用的不属于固定资产的工具、器具、家具、交通工具和检验、试验、测绘、消防用具等的购置、维修和摊销费。

6.劳动保险和职工福利费：是指由企业支付的职工退职金、按规定支付给离休干部的经费，集体福利费、夏季防暑降温、冬季取暖补贴、上下班交通补贴等。

7.劳动保护费：是企业按规定发放的劳动保护用品的支出，如工作服、手套、防暑降温饮料以及在有碍身体健康的环境中施工的保健费用等。

8.检验试验费：是指施工企业按照有关标准规定，对建筑以及材料、构件和建筑安装物进行一般鉴定、检查所发生的费用，包括自设试验室进行试验所耗用的材料等费用，不包括新结构、新材料的试验费，对构件做破坏性试验及其他特殊要求检验试验的费用和建设单位委托检测机构进行检测的费用，对此类检测发生的费用，由建设单位在工程建设其他费用中列支。但对施工企业提供的具有合格证明的材料进行检测不合格的，该检测费用由施工企业支付。

9.工会经费：是指企业按《工会法》规定的全部职工工资总额比例计提的工会经费。

10.职工教育经费：是指按职工工资总额的规定比例计提，企业为职工进行专业技术和职业技能培训，专业技术人员继续教育、职工职业技能鉴定、职业资格认定、安全教育培训以及根据需要对职工进行各类文化教育所发生的费用。

11.财产保险费：是指施工管理用财产、车辆等的保险费用。

12.财务费：是指企业为施工生产筹集资金或提供预付款担保、履约担保、职工工资支付担保等所发生的各种费用。

13.税金：是指企业按规定缴纳的城市维护建设税、教育附加、地方教育附加、房产税、车船使用税、土地使用税、印花税等。

14.其他：包括技术转让费、技术开发费、工程定位复测费、投标费、业务招待费、绿化费、广告费、公证费、法律顾问费、审计费、咨询费、保险费等。

企业管理费按分部分项工程费及可计量措施项目费中的人工费、机械费合计乘以相应费率计算,其中人工费、机械费为基期价格。企业管理费费率、企业管理费各项费用组成划分比例见下列两表。

企业管理费费率表

项目名称	计算基数	费率	
		一般计税	简易计税
管理费	基期人工费+基期机械费 (分部分项工程项目+可计量的措施项目)	12.70%	12.91%

企业管理费各项费用组成划分比例表

序号	项目	比例	序号	项目	比例
1	管理人员工资	24.74%	9	工会经费	9.88%
2	办公费	10.78%	10	职工教育经费	10.88%
3	差旅交通费	2.95%	11	财产保险费	0.38%
4	固定资产使用费	4.26%	12	财务费	8.85%
5	工具用具使用费	0.88%	13	税金	8.52%
6	劳动保险和职工福利费	10.10%	14	其他	4.34%
7	劳动保护费	2.16%			
8	检验试验费	1.28%		合计	100.00%

二、规费:

规费是指按国家法律、法规规定,由政府和有关部门规定必须缴纳或计取的费用,包括:

1.社会保险费:

(1)养老保险费:是指企业按照规定标准为职工缴纳的基本养老保险费。

(2)失业保险费:是指企业按照规定标准为职工缴纳的失业保险费。

(3)医疗保险费:是指企业按照规定标准为职工缴纳的基本医疗保险费。

(4)工伤保险费:是指企业按照规定标准为职工缴纳的工伤保险费。

(5)生育保险费:是指企业按照规定标准为职工缴纳的生育保险费。

2.住房公积金：是指企业按照规定标准为职工缴纳的住房公积金。

规费 = 人工费合计 ×37.64%

规费各项费用组成比例见下表。

规费各项费用组成划分比例表

序号	项目		比例
1	社会保险费	养老保险	40.92%
		失业保险	1.28%
		医疗保险	25.58%
		工伤保险	2.81%
		生育保险	1.28%
2	住房公积金		28.13%
	合计		100.00%

三、利润：

利润是指施工企业完成所承包工程获得的盈利。

利润 =（分部分项工程费合计 + 措施项目费合计 + 企业管理费 + 规费）× 利润率

利润中包含的施工装备费按下表中的比例计提，投标报价时不参与报价竞争。

给水及燃气管道工程利润根据工程类别计算（利润率、工程类别划分标准见下列两表）。

给水及燃气管道工程利润率表

项目	费率			
	一般计税		简易计税	
	一类	二类	一类	二类
利润率	5.24%	4.59%	4.99%	4.37%
其中：施工装备费费率（取费基数与利润相同）	2.23%	1.97%	2.12%	1.88%

工程类别划分标准表

工程项目	划分标准	类别
给水、燃气管道工程	管道直径≥1200mm	一类
	管道直径＜1200mm	二类

四、税金：

税金是指国家税法规定的应计入建筑工程造价内的增值税销项税额。税金按税前总价乘以相应的税率或征收率计算。税率或征收率见下表。

税率或征收率表

项　目　名　称	计　算　基　数	税　率　或　征　收　率	
		一　般　计　税	简　易　计　税
增值税销项税额	税前工程造价	9.00%	3.00%

附录五　工程价格计算程序

一、给水及燃气管道工程施工图预算计算程序：

给水及燃气管道工程施工图预算，应按下表计算各项费用。

施工图预算计算程序表

序　号	费 用 项 目 名 称	计 算 方 法
1	分部分项工程费合计	Σ（工程量 × 编制期预算基价）
2	其中：人工费	Σ（工程量 × 编制期预算基价中人工费）
3	措施项目费合计	Σ 措施项目计价
4	其中：人工费	Σ 措施项目计价中人工费
5	小　计	（1）＋（3）
6	其中：人工费小计	（2）＋（4）
7	企业管理费	（基期人工费 ＋ 基期机械费）× 管理费费率
8	规　费	（6）× 37.64%
9	利　润	[（5）＋（7）＋（8）] × 相应利润率
10	其中：施工装备费	[（5）＋（7）＋（8）] × 相应施工装备费费率
11	税　金	[（5）＋（7）＋（8）＋（9）] × 税率或征收率
12	含税造价	（5）＋（7）＋（8）＋（9）＋（11）

注：基期人工费 ＝ Σ（工程量 × 基期预算基价中人工费）。
　　基期机械费 ＝ Σ（工程量 × 基期预算基价中机械费）。

二、建筑安装工程费用项目组成（见下图）：

- 建筑安装工程费
  - 人工费
    - 1.计时工资或计件工资
    - 2.奖金
    - 3.津贴、补贴
    - 4.加班加点工资
    - 5.特殊情况下支付的工资
    - 6.生产工具用具使用费
  - 材料费
    - 1.材料原价
    - 2.运杂费
    - 3.运输损耗费
    - 4.采购及保管费
  - 施工机具使用费
    - 1.施工机械使用费
      - ①折旧费
      - ②检修费
      - ③维护费
      - ④安拆费及场外运费
      - ⑤人工费
      - ⑥燃料动力费
      - ⑦税费
    - 2.仪器仪表使用费
  - 企业管理费
    - 1.管理人员工资
    - 2.办公费
    - 3.差旅交通费
    - 4.固定资产使用费
    - 5.工具用具使用费
    - 6.劳动保险和职工福利费
    - 7.劳动保护费
    - 8.检验试验费
    - 9.工会经费
    - 10.职工教育经费
    - 11.财产保险费
    - 12.财务费
    - 13.税金
    - 14.其他
  - 利润
  - 规费
    - 1.社会保险费
      - ①养老保险费
      - ②失业保险费
      - ③医疗保险费
      - ④工伤保险费
      - ⑤生育保险费
    - 2.住房公积金
  - 税金（增值税销项税额）

建筑安装工程费用项目组成图